理解科学丛书

LITTLE HALLS AND GRAND MASTERS

People and Stories in the Temple of Science

小楼与大师

科学殿堂的人和事

卢昌海◎著

清華大學出版社
北京

图书在版编目（CIP）数据

小楼与大师：科学殿堂的人和事/卢昌海著. --北京：清华大学出版社，2014
（理解科学丛书）　　（2015.4 重印）
ISBN 978-7-302-35965-4

Ⅰ. ①小…　Ⅱ. ①卢…　Ⅲ. ①科学史一青少年读物　Ⅳ. ①G3-49

中国版本图书馆 CIP 数据核字（2014）第 066035 号

责任编辑：邹开颜
封面设计：蔡小波
插　　图：张　京
责任校对：赵丽敏
责任印制：李红英

出版发行：清华大学出版社
　　网　址：http://www.tup.com.cn，http://www.wqbook.com
　　地　址：北京清华大学学研大厦 A 座　　邮　编：100084
　　社总机：010-62770175　　邮　购：010-62786544
　　投稿与读者服务：010-62776969，c-service@tup.tsinghua.edu.cn
　　质 量 反 馈：010-62772015，zhiliang@tup.tsinghua.edu.cn
印 刷 者：三河市君旺印务有限公司
装 订 者：三河市新茂装订有限公司
经　　销：全国新华书店
开　　本：165mm×240mm　　印　张：12.75　　字　数：179 千字
版　　次：2014 年 6 月第 1 版　　印　次：2015 年 4 月第 4 次印刷
定　　价：29.00 元

产品编号：054823-02

谨以本书献给我的家人

自序

PEOPLE
AND STORIES IN THE TEMPLE OF SCIENCE

作为一位出版了四本书的作者，如果要用一句话来概括写书的感觉的话，那就是：写书比写文章累。这貌似是一句显而易见的大白话，对我这种在写作上有一定兴趣，甚至以写作为乐的人来说，却是一种只有经历过了才意识到的新感觉。这新感觉的起因也是一句显而易见的大白话，那就是：书比文章长。不过，这个“长”对我来说与其说是篇幅之长，不如说是指所费时间之长。因为在一本书的写作过程中，我得不断约束自己的阅读兴趣，把主要精力投注于单一主题。另一方面，我的写作速度又比较慢（或美其名曰“认真”），从而使得写作过程往往长到了对题材的兴趣将尽而书稿远未完成的程度。这时候，写书就变成了对恒心和毅力的考验，而我——很遗憾地——曾两度在这种考验面前失败过，致使《黎曼猜想漫谈》和《从奇点到虫洞》“烂尾”多年（对这一“丢人”事迹感兴趣的读者可参阅那两本书的后记），其“累”亦由此可见。

在这种感觉下，若有谁愿把我的文章汇集成书出版，让我既免除写书之累，又可得出书之乐，那对我来说简直就是“天上掉馅儿饼”的美事，几乎要生出一种“偷懒”的愧疚了。最近，这样的美事居然落在了我的头上——清华大学出版社愿意出版我的两本文章合集，一本收录科学史方面的文章，一本收录科普方面的文章。

兴奋之下，我很快选好了篇目，但问题来了：一堆文章汇集在一起，以什么作为书名呢？当然，假如我是著名作者，这根本就不是问题，大可取名为《卢昌海科学史作品集》和《卢昌海科普作品集》。但对于明显不著名的我来说，就算不怕僭越地将自己的名字厚颜纳入书名，也只会成为“票房毒药”，因此必须另谋思路。读者可能会笑话我这么小的事情都不能轻松搞定，其实非独我如此，像阿西莫夫（Isaac Asimov）那样的大牌作家也常常为书名发愁呢，以至于在文章合集 *The Sun Shines Bright* 的简介中感慨说，他几乎想用数字编号来作书名了——当然，他发愁的原因跟我是不同的，他那是因为作品实在太多，显而易见的书名几乎用遍了。

经过思考，为了让两本书略显对仗，我提议将科学史合集取名为《科学殿堂的人和事》，将科普合集取名为《科学殿堂的砖与瓦》。但编辑看了之后觉得这两个标题太平淡。于是我又绞尽脑汁想了半天，却没再想出什么点子来。无奈之下，我决定效仿阿西莫夫，他虽然也为书名发愁，点子可比我多多了，在 *The Sun Shines Bright* 的简介中做完了用数字编号作为书名的“白日梦”后，随即采用了一个颇有些取巧的办法，那就是从所汇集的文章中选取一篇的标题作为书名。现在您所看到的这两本文章合集的书名——《小楼与大师：科学殿堂的人和事》和《因为星星在那里：科学殿堂的砖与瓦》——便也是如此而来。

关注我文章的读者或许注意到了，收录在这两本书中的某些文章是曾经在杂志或报纸上发表过的。不过，杂志和报纸大都有自己固定的风格，有时不免需要作者“削足适履”来契合之。因此，发表在杂志和报纸上的版本与我自己的版本相比大都存在一定的缺陷，比如经过编辑的改动，以及因字数所限作过删节等。此外，发表在杂志上的版本大都略去了注释及对人名和术语的英文标注等，这其中后者——即英文标注——或许并不重要，但前者——即注释——其实是颇为重要的，往往起着补充正文、澄清歧义等诸多作用。所有这些缺陷在此次汇集成书时都尽可能予以消除了。

与以前的四本书一样，这两本书也是非常接近原稿风格的，在个别细节上甚至有可能略胜于原稿，因为编辑订正的个别错别字由于未曾标注，我未必能在阅读校样时一一察觉并在自己的版本上做出相应的订正。在尊重原稿这个最至关重要的特点上，我要再次对清华大学出版社表示感谢，感谢其对我作品及写作风格的长期——从出版第一本书至今已五年了，够得上用这个词了吧——信任和支持。

最后，希望读者们喜欢这两本新书。

目 录

PEOPLE
AND STORIES IN THE TEMPLE OF SCIENCE

第一部分

科学史

第二部分

其他

第一部分　科　学　史

书林散笔：小楼与大师

几星期前在书店闲逛时，发现美国物理学家苏士侃(Leonard Susskind)的 *The Cosmic Landscape* 一书被放在了特价区，惨遭贱卖(倒不是因为滞销，而是由于书的侧面不知怎的染上了一些黑色墨迹)，于是毅然解囊买了一本。

苏士侃这本书是 2005 年底出版的，讲述的是他不久前做出的一项比较得意、且引起广泛兴趣及争议的工作。他这本书我以前曾买过一本送朋友，自己却未曾阅读，只记得书中所附的作者近照有点像《星球大战》(Star Wars)中的杜库(Count Dooku)——其实只是脸型和胡子有几分像，那是黑暗尊主(Dark Lord)的徒弟，是一个很厉害的坏蛋，曾砍去阿纳金·天行者(Anakin Skywalker)——也就是后来的黑武士达斯·维达(Darth Vader)——的右手(但最终还是被阿纳金·天行者所杀)。

苏士侃今年已经 68 岁，是斯坦福大学(Stanford University)的理论物理学教授。他和获得 2008 年诺贝尔物理学奖的南部阳一郎一样，都是弦理论的创始人之一。不过与南部不同，苏士侃直到今天仍在与弦理论有关的领域中工作，并做出了不少有创意、且很能吸引公众注意力的工作——比如在黑洞与信息、弦景观(string landscape)与人择原理等方面的工作。不过，在这个以闲

苏士侃和他的 *The Cosmic Landscape*

谈为主的“书林散笔”系列中，我们不谈太学术的话题，因此苏士侃的那些学术工作将留待今后再单独介绍。在本文中，我想讲述一段苏士侃在 *The Cosmic Landscape* 一书中提到的他本人亲身经历的有趣见闻。

这段见闻发生在苏士侃的年轻时代——确切地说是发生在他前往纽约曼哈顿北部的叶史瓦大学（Yeshiva University）就任助理教授的那一天。那时苏士侃已从康奈尔大学（Cornell University）获得博士学位，并在加州大学伯克利分校（University of California, Berkeley）做完了一年的博士后工作。叶史瓦大学的那个职位是他当时手头的唯一职位。据他在 *The Cosmic Landscape* 中所述，这段经历发生在 1967 年，不过苏士侃的简历所列的叶史瓦大学任职时间却为 1966—1970 年，因此在时间上不排除有一年的误差。叶史瓦大学是一所私立的犹太人大学，创建于 1886 年，据说是美国最早的犹太人高等学府，2008 年的全美排名是 50。叶史瓦大学离我就读过的哥伦比亚大学（Columbia University）不远（在哥伦比亚大学以北 5～6 公里处），那里早年有很多犹太中产家庭居住，但后来逐渐变成了拉丁裔移民的聚居区。

曼哈顿是一个寸土寸金的地方，在曼哈顿的大学中，除哥伦比亚大学有一个很小的校园外，其余大都只有一些被街道分隔开的建筑。苏士侃刚从康奈尔及伯克利那样环境优雅的校园来到这里，视觉上的反差是可想而知的。我以前住在曼哈顿的时候，曾多次路过曼哈顿南部的纽约大学（New York University），该校的建筑就分散在若干个街区。为了便于识别，那些建筑统一悬挂了青紫色的校旗，每次看到那些校旗，让我想起的不是大学，而是《水浒传》里那些小店门口迎风招展的酒旗。

不过对苏士侃来说，校园环境的好坏还在其次，因为更坏的事情很快就出现在了他的面前。那天他来到叶史瓦大学的校区，在路人的指引下，找到了物理系。那是一间很小很昏暗的屋子，屋子里有一个大书架，书架上放满了大部头的书本，但不是物理书，而是希伯来文的古书。屋子里还有一把椅子，椅子上坐着一个胡子灰白的家伙，正翻看着一本古书。

苏士侃的到来使宾主双方展开了历时一分钟的坦诚而富有建设性的会谈，那人向客人详细介绍了物理系的状况：

（1）他这间小屋就是物理系。

（2）他就是物理系的系主任。

（3）物理系有且仅有一位教授。

（4）那位教授就是他自己。

（5）他从未听说物理系招了助理教授。

在美国像这种“一人吃饱，全系不饿”的物理系其实并不罕见，我哥伦比亚大学的一位师兄就一度在那样一个物理系里工作过——当然，那意味着当过系主任。听完系主任的热情介绍，苏士侃的心沉到了海底——他还没上岗，看来就先要失业了。苏士侃当时虽然才 26 岁，却不仅已早早结了婚，而且还有两个小孩，这拖妻带幼的谋生，那是相当的不容易。但情势如此，夫复何言？他只得离开那皮包公司般的物理系，退回了街上。

幸运的是，在街上他碰到了一个熟人，于是他向那人叙述了自己的遭遇，那人听了哈哈大笑，说：“你想去的大概是研究生院的物理系，而不是本科的物理系吧。”笑罢，他告诉了苏士侃研究生院的地点。

苏士侃大喜过望，赶紧找到新地址。可到了那里——几个街区外的一个街口——一看，满眼皆是破烂店铺，有的甚至已经废弃，苏士侃再度失望。难道连朋友也会忽悠自己？他不死心地又在那街口转了一圈，结果突然在一家早已废弃的犹太婚宴店旁发现了一块小牌子，上面写着：Belfer Graduate School（贝尔夫研究生院）。那牌子指向一串楼梯，那楼梯污垢不堪，地毯也早已破旧，楼道里没有书香，却弥漫着食物的气味。看来这地方并不比那本科生的物理系强。

苏士侃硬着头皮登上楼梯，上面是一个很大的厅，估计是那家犹太婚宴店昔日所用的舞池。大厅的四周约有二十来间办公室。看来这破烂小楼上的废弃舞池就是整个的研究生院了。不过，这时苏士侃看到了一件让他松了一口气的东西：黑板。在经历了方才的连番遭遇后，这小小的黑板在苏士侃的眼里变得亲切无比，简直就像救命稻草——用他自己的话说："黑板意味着物理学家"。

但是，最让苏士侃振奋，并且让所有阴暗的氛围一扫而空的，则是人——几个正在黑板旁讨论问题的人。这是苏士侃这段见闻中最富戏剧性的地方，它大大出乎苏士侃的意料——当然，也完全出乎我的意料。那几个参加讨论的人苏士侃全都认识，他们之中包括这样几位：

- 芬克尔斯坦（David Finkelstein）——"爱丁顿-芬克尔斯坦坐标"（Eddington-Finkelstein coordinates）中的那个芬克尔斯坦。
- 阿哈罗诺夫（Yakir Aharonov）——"阿哈罗诺夫-玻姆效应"（Aharonov-Bohm effects）中的那个阿哈罗诺夫。
- 勒波维茨（Joel Lebowitz）——"勒波维茨不等式"（Lebowitz inequalities）中的那个勒波维茨。
- 彭罗斯（Roger Penrose）——"霍金-彭罗斯奇点定理"（Hawking-Penrose singularity theorems）中的那个彭罗斯。
- 狄拉克（Paul Dirac）——这位老同志还需要介绍吗？

在这几位当中，芬克尔斯坦、阿哈罗诺夫、勒波维茨当时都在叶史瓦大学任教，彭罗斯和狄拉克则是访问学者。别看这地方寒碜，狄拉克早在1964年

ΔX

就莅临视察过，并且还发表过重要讲话，他的讲话内容后来被整理成了 *Lectures on Quantum Mechanics*，是有约束量子理论的经典著作（该书有中译本：《狄拉克量子力学演讲集》，由科学出版社出版）。

这破旧小楼上的那几位物理学家是苏士侃在单一地点所见过的最杰出的一群物理学家，他们的出现彻底扭转了他那一天的心情。只要有这些人在，哪里不能是物理系呢？那一天，那几位物理学家讨论的话题是真空能（vacuum energy），这个话题从此成为了苏士侃毕生探究的课题之一，这种探究最终导致了他这本 *The Cosmic Landscape* 的问世。

我记得几年前有很多人在讨论“大楼”与“大师”的问题。我想，苏士侃这段小经历对于那个话题是一个很好的参考。其实，在中国自己的教育史上，就有过一所没有半栋大楼，却有很多大师的大学：国立西南联合大学。那所大学只存在了短短八年，却在中国教育史上留下了永不磨灭的一页。正所谓“山不在高，有仙则名，水不在深，有龙则灵”。如果让中国的学人评选一所中国最杰出的大学，我想只要国立西南联合大学是其中一个选项，它就一定会夺冠。

二零零八年十一月六日写于纽约

书林散笔：陨落的前辈

要是有这么一个地方，最好是靠海的地方，没有会议，没有斗争，也没有这么多的莫名其妙的麻烦事。带上几个学生，安安静静地搞项目搞研究，该多好。

束星北(1962 年——时为极右派兼历史反革命分子)

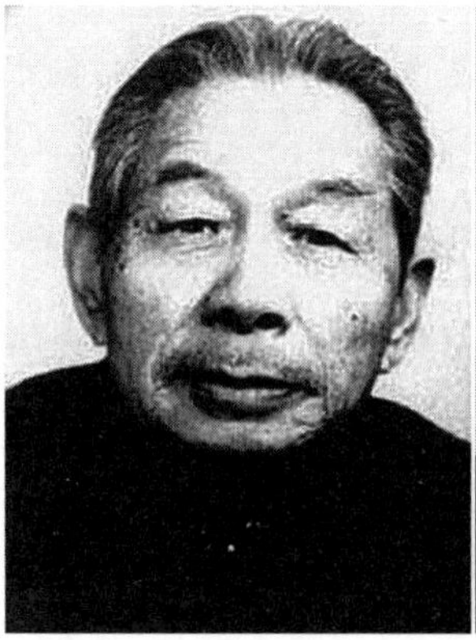

束星北

《束星北档案》

几年前，我建过一个论坛，叫做繁星客栈，那里聚集了一些很不错的网友。有一天，一位网友转了一篇题为《一部浮夸的科学家传记——评刘海军〈束星北档案〉》的文章，那是我第一次听说《束星北档案》这本书，而且有可能也是我第一次听说束星北这个人。

那篇文章我虽只是粗略看了看，却留了一个印象。我曾看过不少国内作者撰写的华人科学家传记，比如杨振宁、李政道、丁肇中、吴健雄、苏步青、谢希德、“三钱”等的传记，可以说无一例外是高、大、全式的歌功颂德。有这样的体验做后盾，虽未看过《束星北档案》，见有人从浮夸的角度进行批评，倒也不觉意外。后来有一次回国，在书店里看到了《束星北档案》，想起那篇评论，便没有购买。

此后又过了很长时间，我几乎已将那本书忘了，不想却在纽约的一家图书馆里看到了它，于是借了回家。看完之后，我不无诧异地发现这本书在我读过的华人科学家传记中几乎可算是最好的（当然，这要部分地归因于其他传记的过于乏善可陈）。这本书虽的确对束星北的学术水平作了少许外行及浮夸的评价①，但重点并不在他的学术，而是在叙述他坎坷的人生经历。在全书 30 个章节（包括引言和尾声）中，与学术及教学有关的内容大都集中在前三章，比例极小。因此，尽管作者在讲述束星北的学术经历时，确实作出或引述过一些夸大其词的评价，但从内容比例上讲，这本书给人的真正印象并非是束星北是一个如何了不起的物理学家，而是他在政治漩涡中苦苦挣扎的佝偻背影，以及他可怜可叹的人生悲歌，这与其他那些传记是截然不同的。

从内容上讲，这本书最独特的地方，是它采用了大量的采访记录及档案资料，其中包括束星北本人所写的许多“思想汇报”。我之所以欣赏这本书，最主

---

① 束星北一生并未作出过有价值的学术工作，这与他后半生的悲惨遭遇、他的个性及他的研究方向均有一定关系（他早年曾致力于研究经典统一场论，那是一个铁定会失败的方向）。在人们争论束星北的学术成就时，曾有人举出束星北去世后李政道给束星北夫人的唁电中的话，“束老师是中国物理界的老前辈，国际闻名，桃李天下，他的去世是世界物理界及全国教育界极重大的损失”，来说明束星北具有很高的学术地位。但唁电（尤其是学生为自己启蒙老师所发的唁电）中的话是明显不能作为正式的学术评价的。

要的原因也在于此。事实上，在作者仰视传主及作者的学术外行性这些传统缺陷上，《束星北档案》与其他那些歌功颂德式的传记未必有很大差别，但该书采用的引述采访记录及档案资料的做法在很大程度上弥补和淡化了那种缺陷。因为那些来自不同人、不同时期、不同视角的回忆资料大都很平实，其中有很多描述的是束星北的窘态（当然，外行人道听途说的过誉之词也是有的，但即便那样的回忆也并无刻意歌颂的意味，并且大都言明了是道听途说）。而束星北本人那“一把辛酸泪，满纸荒唐言”的“思想汇报”，不仅没半点高、大、全的模样，反而充满了自我羞辱。有这些扎实的史料作基础，这本传记无论对于了解束星北这个人，还是了解当年那个吃了人还恬不知耻地让被吃之人歌颂自己的新社会，都是难得的第一手资料①。

好了，现在回过头来说说束星北这个人。束星北出生于1907年，与那个让他受尽折磨的新社会有着共同的生日：10月1日，是中国物理界的一位前辈。束星北的求学经历相当奇特，美国学者胡大年在《爱因斯坦在中国》一书中曾有一节用了“游学四方的束星北”作为标题。束星北在1924—1931这八年的求学期间，曾辗转于杭州之江大学（其校址在现浙江大学之江校区）、山东齐鲁大学（其校址在现山东大学医学院）、美国贝克大学（Baker University）、美国加州大学旧金山分校（University of California，San Francisco）、德国汉诺威工业大学（University of Hanover）、英国爱丁堡大学（University of Edinburgh）、英国剑桥大学（University of Cambridge）及美国麻省理工学院（MIT），并先后在爱丁堡大学及麻省理工学院获得过硕士学位②。束星北的

① 不过，作者对史料的广泛引用也有一个小小的缺陷，那就是对许多事件的记叙只有引文，而未标明时间。

② 除上述经历外，1979年3月9日的《光明日报》曾刊登宫苏艺整理，束星北署名的文章：《在爱因斯坦身边工作的日子里》。该文提到束星北曾于1928—1929年间在柏林大学（University of Berlin）爱因斯坦身边工作过一年。但此说后来引起了争议，从争议双方提供的信息来看，我倾向于支持怀疑方的看法，即认为此说不实。关于这一争论，以后有时间我将另文介绍。另外，束星北在游学过程中还曾到过日本、朝鲜和苏联等国（他对苏联的印象相当坏，认为那是一个专制和混乱的国家）。

这种奇特的求学史，看来体现了一种躁动的性格，他的同时代人吴大猷先生曾在《早期中国物理发展之回忆》一书中评论说束星北在欧洲和美国跑来跑去，没有认真地待在哪个地方做研究，他的学生许良英也曾在一篇纪念文章中提到束星北缺乏专心致志的精神。束星北是一个有才之人，除物理外，在后来因生活所迫而改做的气象、化工乃至电器修理等工作上也都有不俗的表现，可惜却一生并无建树，究其原因，除不幸生活在一个特殊时代外，与他躁动的性格恐也不无关系。

束星北 1931 年回国后，曾在南京中央军官学校、暨南大学、浙江大学等地任教。在 1952 年的院系调整中，浙大遭到肢解，束星北选择了山东大学继续自己的教学生涯。1954 年，束星北因公开反对马列主义统领一切的观点而遭批判，并被逐出物理系，开始了他后半生的漫长噩运。离开物理系后，在竺可桢与王淦昌的关照下，束星北在山东大学气象研究室转行研究气象动力学，并在一年多的时间里发表了十几篇论文。

但他这一短暂的庇护所也很快失守。1955 年，气象研究室在“肃反”运动中被关闭，束星北夫妇遭到批斗和体罚，束星北一度萌生了自杀的念头。1956 年，“鸣放”运动开始了，被这些风向迥异的政治运动搞得稀里糊涂的很多知识分子以为春天终于来临了，纷纷将前一阶段的苦水倒了出来，结果中了“引蛇出洞”的阳谋，在接踵而来的“反右”运动中被一网打尽，这其中也包括束星北。

在“鸣放”期间，束星北发表了一些我个人非常欣赏的观点。在旁人——包括很多高级知识分子——都只见树木不见森林的时候，束星北敏锐地看出了无论“肃反”还是“鸣放”，它们的主题虽截然不同，形式却如出一辙，全都充满了非理性和不守法的“人治”及“发泄”特点。1957 年 5 月，束星北作了一次题为《用生命维护宪法的尊严》的报告，主张推进法制。束星北的这种冷静和理性的思维，直到今天仍是中国社会相当欠缺的，因为直到今天，迎合大众胃口的谎言依然能轻易而迅速地调动巨大的非理性力量。

可惜，越是冷静和理性的思维对专制的威胁就越大。因此尽管束星北在“鸣放”期间的行为相较于激进人士来说显得很克制，但“反右”运动一降临，他

万岁

很快就被戴上了“极右派”和“历史反革命分子”等帽子，于 1958 年 10 月与 1800 名其他右派一起被押往山东夏庄强制劳动。他们的劳动结果便是今天的崂山水库（当时叫做月子口水库）。在那里，劳动条件极其艰苦，工伤、自残和自杀时有发生；在那里，束星北吃尽了苦头，失尽了尊严。在 1959 年开始的那名为“自然灾害”，实为“大跃进”导致的三年人祸期间，他四处借贷，甚至不得已到田里去偷地瓜（结果被当场抓住）。

与此同时，他的所有子女都受株连，工作丢了，对象吹了，有的甚至被劳教。在这种无可抗拒的力量面前，束星北终于“顿悟”到螳臂挡车是没有出路的，并开始递交一些歌颂时局、自我改造的思想小结。随着水库工程的完工，束星北被遣到青岛医学院继续改造，当年的同事曾这样回忆这位经过改造的社会主义“新人”：

> 束先生是拄着拐杖来校报到的，他和几年前我见的那个神采奕奕、侃侃而谈、高声大嗓的先生已判若两人。要不是保卫科李科长在前面引着，我无法相信站在面前的这个憔悴、浮肿、目光散淡的老人就是束星北。他头顶着蓝色带护耳的棉帽，双手支在拐上，背抵在墙上，好像不这样“夹”着，人随时就会倒下去。李科长当着物理教研组全体成员给他训话时，他就像个泥塑木雕，身子和眼睛好长时间也不动一下。

但即便在这样的境况下，束星北仍然做出了一件一鸣惊人之事。1961 年，他在干杂活之余，帮青岛医学院修好了一台损坏已久的进口脑电图机，引起了轰动。在那之后，青岛乃至外地的很多医院都慕名请他修理仪器。虽然修理仪器在束星北眼里只是雕虫小技，但自己重新变得有用还是鼓起了他的勇气，他开始希望凭借自己的才华来向党和人民“赎罪”，以便“摘帽”。为此他废寝忘食地努力着，并递交了“摘帽”申请。他的努力得到了一定层级的表扬，他心中的期盼也因此而变得更为炽热。青岛医学院公布第一批“摘帽”名单的那天，他拄着拐杖满怀希望地前往会场，可惜“摘帽”名单中并没有他。宣布完名单后，可怜的老先生茫然失措，痴痴地站在会场里直至人群散尽。

苦苦等待“摘帽”的束星北夫妇

受到沉重打击的束星北并不清楚自己的问题究竟出在哪里？自己究竟怎样才能被“改造”好？他一方面更加努力，另一方面则以最诚恳的态度请大家给他提意见，甚至主动请求开一个针对他的评审会。有道是“精诚所至，金石为开”，在他的一再恳请下，“劳动人民”终于向他吐露了心里话。在评审会上，他听到了这样的批评：“你的书本知识有一些，志大才疏，但还高傲，你实际上还是个矮子”，“你老想从科研上找出路”，“你想单干，修仪器赚钱”。束星北的觉悟再低，到这时也基本体会到了“劳动人民”的立场。“劳动人民”虽然缺乏知识，但并不缺乏忌妒心，想要凭借“劳动人民”所不会的技能来“摘帽”，那只会更让人家觉得他高人一等。束星北再次“顿悟”，要想让“劳动人民”满意，不能当专家，而必须当孙子。于是他自请长期打扫医学院所有的茅房，以彻底改造自己。

束星北打扫的不是五星级公厕，而是混杂了痰迹、粪便乃至人体器官碎片的医学院茅房，并且在打扫的过程中有时得用手去抠被这些东西堵塞的大便池，其情形是如今的我们不易想象的。他一边打扫，一边不断地提交思想汇报，在汇报中他写道：“刷茅房就是具体地听党的话，具体地为人民服务，因此刷茅房也就意味着刷掉资产阶级的臭思想”，他并且表示现在刷茅房还感觉到脏臭，今后的目标是要做到“完全自然，不感觉脏臭”。三个月后，他在思想小结中写道：“刷了三个月的茅房之后，越刷越起劲，越刷越愉快”。束星北所说的“越刷越愉快”倒不一定是谎话，因为干这样的活，“劳动人民”是不会找他麻烦的，这样干下去，说不定“摘帽”也会重新有望。人总是在希望中愉快，可惜的是，计划也总是赶不上变化，1965 登场的“文化大革命”再次把束星北的希望抛进了深渊。

不过，对束星北来说，“文化大革命”虽然让他的“摘帽”希望再次落空，却也让他有幸脱离了焦点，毕竟，在这场更疯狂的运动中有更大、更刺激的鱼儿等待着革命群众去消遣。脱离了焦点的束星北渐渐无人问津，但他丝毫不敢怠慢，一丝不苟地执行着每天的改造任务。不过这时的他也开始偷偷读一些专业书，甚至趁扫雪的时候在雪地里写写公式。可是，脑子里的东西越多，无所事事的感觉就越折磨人。束星北是一个憎恶平庸，有着天才情结的人，随着年龄越来越大，眼看着自己的年华在遥遥无期的平庸中一点点耗尽，他心中的焦虑也日益加剧，终于忍不住再次向组织发出了请求，他写道：

> 我今年已 64 岁，改造了十几年还没有改造好。岁月蹉跎，心中焦急：如果再过十几年，即使改造好了，对党、对人民、对社会主义还能有什么用呢？……今后该怎么办，才能得到党和人民的宽恕、谅解和容纳？……恳请党领导、军工宣队能拉我一把，在我未死之前，……（让我）回到人民内部，尽自己的力量为巩固无产阶级专政服务……

他的请求虽然恳切，却终究是不可能缔造奇迹的。后来的发展显示，他的真正出路，其实既不在于党和人民的“宽恕”，也不在于自己的“改造”，而在于外来的力量。这种力量终于来了：1972 年 10 月，曾经是束星北学生的美籍华裔物理学家李政道踏上了久违的故土，成为继杨振宁之后又一位穿越“文革”铁幕的海外物理学家。李政道受到了高规格的接待，周恩来在会见他时请他为解决中国教育人才的断层问题做点工作。李政道表示，中国并不缺乏教育人才，而是没有给他们发挥才能的机会。作为例子，他说：“比如，我的老师束星北就在国内”。

李政道不仅提到了束星北，而且还表示要见一见这位启蒙老师。这样的动静吓坏了山东医学院的“革委会”，他们以右派分子不能进京的规定为由阻止了束星北上京。但问题是，束星北不去北京，李政道会不会来青岛，甚至提出要到束星北家去坐坐呢？要知道，束星北的家可不是一般的家，据一位“革委会”的成员回忆，束星北的家是这样的：

那是我所见到的最赤贫破旧的家，你说它家徒四壁吧，破破烂烂的东西似乎又不少：缺了腿的桌子（晚上便铺上被子做床用），两个箱子（部队装子弹的箱子），几张自己打制的歪歪斜斜的板凳和一些堆得乱七八糟的书；地板虽是水泥的，可是到处都是裂缝，客厅中间还有一个大洞，大得能陷下腿去，上面盖着一张三合板，简直就是个陷阱。最不堪的是束星北的“卧室”，他的卧室不过是个两三尺宽的壁橱，束星北的个头这么大，常年“卡”在里面能舒服吗？“卧室”里只有一床被子，严格地说，那不是被子，只是一床破破烂烂的棉絮，如不是一些经经纬纬的黑色电工胶布粘连着，早就散了。

显然，这样的“教师之家”是万万不能让李政道看见的（万一李政道失足掉进那“陷阱”里，更是不堪设想）。为了解决这一难题，“革委会”绞尽了脑汁，考虑了N种方案，比如让束星北火速搬入原党委副书记的家里，让束星北住进宾馆等，都感到不保险，最后干脆快刀斩乱麻，以束星北身体不适为由推掉了此事。

李政道没能见到束星北，便给他写了一封信：

束先生：

自重庆一别，离今已有差不多廿八年了。对先生当年在永兴湘潭时的教导，历历在念。而我物理的基础，都是在浙大一年所建，此后的成就，归源都是受先生之益。

此次回国，未能一晤，深以为怅，望先生小心身体。

特此敬祝

工作顺利，身体健康

生李政道上

李政道虽未能见到束星北，但他的惦念还是给束星北带来了生机。收到李政道的来信（这封信束星北连拆都没敢拆，第一时间就上交给了组织）后不久，束星北又鼓起勇气给组织写了信，他在信中写道：

> 我自1957年向党猖狂进攻之后，经过十多年的劳动改造，思想有所改变，……因之悔恨交加，亟思以实际行动来取得党和人民的宽恕与谅解，……特上牍恳求给我立功赎罪的机会……

一位如此弱小的学者，被迫承认向如此彪悍的党"猖狂进攻"，这实在很像是一则现代版的狼和小羊的寓言故事。幸好这党虽有一身横练功夫，却也有一个小小的练门，那就是特别器重外籍友人。束星北的待遇自李政道访华之后大为改善，他的"帽子"也终于在1974年被摘除，但他被"落实政策"则是在"文革"后的1979年，距离他被打成右派已有22年，距离他最早遭到批判则已隔了整整四分之一个世纪。

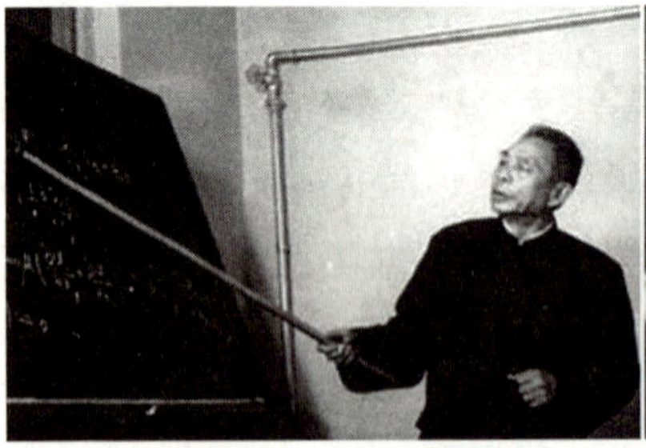
重返讲台的束星北

与老友王淦昌(右)在一起

"摘帽"后的束星北终于有机会重返讲台，但北大、厦大、暨大、中科院等依然不敢聘他，最后是国家海洋局第一海洋研究所打破禁忌聘请了他，成为他一生最后五年的归宿。残酷的政治运动让束星北历尽苦难，却并未真正改变他。"文革"后，很多科学家加入了党员的行列，但当海洋所的领导希望束星北也递交入党申请时，却遭到了断然的拒绝。复出后的束星北又见到了昔日的同事及好友王淦昌，两位垂暮的老人竟像年轻时那样为学术问题争得面红耳赤。临走时王淦昌感慨道："你还是老样子。"束星北则回答说："没办法，人是不可改变的。”

动荡的岁月终于过去了，可岁月留下的伤痕却再也无法抹去。晚年的束星北厌恶过去，避谈过去，却又时常陷入到过去的噩梦之中，难以自拔。他有时会忽然变得焦躁不安，梦游般地满屋子嚷嚷着寻找水桶、拖把和扫帚——那些都是他当年打扫茅房的工具。

束星北老了，在最后几年里，他拼命想把时间补回来，再完成些什么，那是他永不泯灭的天才情结所系，可惜一切已是镜花水月。1983 年 10 月 30 日，这位际遇凄凉的前辈走到了生命之路的尽头。在去世前，他将自己的遗体捐给了青岛医学院，作解剖及制作骨骼标本之用。

束星北去世后，李政道、王淦昌、苏步青等著名学者发了唁电。束星北去世后的第三天，国家海洋局、青岛医学院及束星北的子女们举行了一个肃穆的遗体捐赠仪式。青岛医学院在遗体移交书上写道：我院对束星北教授这种献身精神表示敬佩。

但是，敬佩归敬佩，青岛医学院的很多人也正如束星北那样，是不可改变的。时势虽然变了，但每一次变迁都意味着风水可以轮转，权力可以重分，也意味着很多不可改变的人会投入新一轮的权力之争，因为那是他们永恒不变的兴趣。当然，每一次那样的争夺都师出有名，这一次的名目叫做“清除文革余孽”。等到硝烟散去、尘埃落定，终于又有人想起太平间里的束星北遗体时，已是半年之后的事了。人虽然不会变，遗体却是会变的，变得失去研究价值了。医学院的领导便遣两位学生将束星北的遗体送到一片荒凉的林子里去埋掉，而那两位学生嫌路太远，就近将遗体埋在了学校的篮球场边，那里如今立着一副双杠。

在那副双杠上锻炼的年轻学子们也许很少有人会知道，他们的双脚之下便是一位中国物理界前辈的埋骨之处。

二零零八年十一月六日写于纽约

泡利效应趣谈

按照最近一段时间我网站(http://www.changhai.org/)的更新频率，我决定在6月1日上传本文。不过“六一”这个日子似乎不太适合谈论严肃的话题，我们就挑一个以物理学家命名的非物理效应——泡利效应(Pauli effect)——来聊聊吧。

泡利(Wolfgang Pauli)是20世纪一位很早熟的理论物理学家(当然，他的早熟是学术上的早熟，跟“九零后”、“零零后”的早熟不是一个概念)。记得有人说过，理论物理与实验物理的鲜明区分是始于20世纪的，这种说法是否恰当有待考证，不过这种区分在出生于1900年的泡利身上倒是体现得很鲜明，且很有戏剧性。泡利的理论天赋无疑是很高的，但他的实验才能则不仅不高，而且有可能是负的。这种“负才能”的集中体现就是所谓的“泡利效应”——即泡利的出现对实验设备的破坏效应。

奥地利物理学家泡利

是谁最早采用了“泡利效应”这一名称？我不太清楚，不过这一效应在当时的实验物理圈中是颇有些名气的，而且那名气并非只是搞笑意义上的名气。泡利的朋友斯特恩（Otto Stern——1943 年的诺贝尔物理学奖得主，Stern-Gerlach 实验中的那位斯特恩）就曾因为担心泡利效应而对泡利下达了封杀令，禁止其进入自己位于德国汉堡的实验室。科学史作品中有不少科学家逸闻是以讹传讹的故事(比如伽利略的斜塔实验、牛顿的苹果、瓦特的茶壶、爱因斯坦的板凳等)，但这件是真的，斯特恩在 1961 年接受访谈时还亲自回忆过此事。

不过斯特恩的措施恐怕还小瞧了泡利效应的威力。据说有一次实验物理学家弗兰克（James Franck——1925 年的诺贝尔物理学奖得主，Franck-Hertz 实验中的那位弗兰克）位于哥廷根大学（University of Göttingen）的实验室里出现了一次事故。据查，泡利有不在现场的充分证据。于是弗兰克写信给泡利，很欣慰地告诉他说你总算无辜了一回。真的无辜吗？泡利对这种无罪推定似乎并不领情，他回信很诚实地“自首”说自己虽不在第一现场，但事发当时自己乘坐的从苏黎世到哥本哈根的火车却恰好在哥廷根的站台上停留了一会儿！——言下之意，泡利效应是可以有“超距作用”的。

泡利效应最初只是实验圈里的传说，但后来名头渐渐出了墙，波及的对象也变得五花八门，不再限于实验设备。据说有一次泡利去听一个讲座，他看见两位衣着体面的女士中间恰好有一个空位，便走过去坐了下来。谁知他刚一坐下，那两位可怜的女士所坐的椅子就双双垮掉了。这故事是德国裔美国艺术史学家潘诺夫斯基（Erwin Panofsky）讲述的，是真有其事还是艺术的虚构就不得而知了。

戈革先生也转述过一个类似的故事，说泡利在某次学术会议上听到了一个令他不满意的理论，便走上台去严厉批评。泡利的不留情面在物理学界是出了名的，他说到紧要之处时，忽然拿粉笔向那已经坐回台下的演讲人隔空指去，吓得那人向后一仰，结果那人所坐的椅子竟突然垮掉了。坐在那人背后的俄国物理学家伽莫夫（George Gamow）当即跳起来喊道：“泡利效应！”（后来有人根据伽莫夫“此地无银三百两”的那声吼，怀疑是他在报告人的椅子上做了手脚。）

有关泡利效应的传闻有一个有趣的特点，那就是泡利效应绝不会损害到泡利本人，不仅不会损害，甚至还能在关键时候“拯救”泡利。泡利的助手派尔斯(Rudolf Peierls)和韦斯科夫(Victor Weisskopf)都曾在自己的自传中讲述过一个故事(细节略有出入，但本质上是同一个故事)，其情节大致是这样的：有一次泡利要参加一个学术会议，与会的年轻物理学家们决定跟他开个玩笑，他们在会议厅的门上做了一个触发式的机关，只要泡利一推门就会发出类似爆炸的响声。结果呢？在泡利推门而入的一刹那，那些被年轻物理学家们反复调试过的机关居然“卡壳”了！泡利效应通过破坏“实验装置”而成功地“拯救”了泡利。

泡利本人对泡利效应的这种“损人利己”的效果也很有信心，并将之作为了判断一个效应是否为泡利效应的重要凭据。泡利后期的助手及传记作者恩兹(Charles Enz)曾经讲过一个故事。那是在1956年，泡利去世前的两年，恩兹夫妇与泡利夫妇在意大利的科摩湖畔共乘出租车时，车子在一个小山坡的顶上抛了锚。恩兹打趣说那是泡利效应在作祟。但泡利不同意，因为那个故障给泡利自己也造成了不便，不符合泡利效应损人利己的特点。

在所有与“泡利效应”这个金字招牌相联系的逸闻中，似乎只有一件是与泡利自己所受的伤害联系在一起的，不过那是一个伪效应(或者确切地说，是伪效应中的伪效应——如果考虑到泡利效应本身也是伪效应的话)。那件逸闻是这样的：泡利是个夜猫子，并且有一个不良嗜好，那就是喝酒(有时甚至是酗酒)。1932年夏季的某一天，他在美国安娜堡(Ann Arbor)参加暑期学校时喝醉了酒，从楼梯上摔下来，摔伤了肩膀。在接下来的一段时间里，他的讲座改由乌伦贝克(George Uhlenbeck——电子自旋概念的提出者之一)代写板书。据说那几次演讲由于不必亲自写板书，反而讲得特别精彩。不过泡利受伤的真正原因(醉酒)是不能让普通听众知道的。(谁想听酒鬼的讲座?)为了隐瞒真相，知情的物理学家们八仙过海、各显神通，有人戏称泡利是在游泳时

受的伤(敢情那水不是“硬”水就是“重”水)，而泡利的老师索末菲(Arnold Sommerfeld)则炮制了一个新术语：逆向泡利效应(inverse Pauli effect)。至于该效应的真正原因是什么，就任由别人去猜了(拜托别往醉酒上猜就行)。

泡利效应很有趣，但它只是讹传、巧合及附会混合而成的逸闻，它是物理学家们的幽默而非真实的物理效应，这应该是相当显而易见的。但世界之大，却也不乏一本正经看待这种效应的人，比较著名的，我数了数共有两个半人(我很想拾日月神教任老教主的牙慧，找出“三个半”人来，可惜实在找不到能与那两个半人齐名的“第三者”)。这其中前文提到的斯特恩算半个——该同志虽相信泡利效应，但只知防范不求甚解，故只能算半个。剩下那两个“完整的人”(郭德纲语)一个是泡利本人，另一个则是瑞士精神科医生兼心理学家荣格(Carl Jung)。听起来有些令人难以置信，但像泡利那样出色的科学家在学术高峰期之后有时也不免像聂棋圣那样出昏招，而且那样的科学家还并不鲜见(因此太过器重——甚至举国器重——老科学家的暮年言论不见得是明智的)。泡利自 30 岁之后开始遇到一些心理方面的麻烦①，在他父亲的提议下，他向荣格进行了咨询(他们的通信后来被整理出版)。自那个阶段起，部分地受到荣格的影响，泡利开始相信一些后来被人们视为伪科学的东西②。他不仅对泡利效应的真实性深信不疑，认为它可能与所谓的“超心理学”(parapsychology)有关，而且还写过文章，试图发掘物理学与精神分析学之间的“互补性”(complementarity)。泡利与荣格的交往对荣格也有一定影响，其信件被后者视为案例。荣格并且提出了诸如“非因果联系原理”(acausal

① 泡利在这方面的麻烦与生活中的不顺利事件有一定联系。1930 年 11 月，他与结婚不到一年的妻子离了婚。令他愤愤不平(是真的不平，而非幽默)的是，使他妻子弃他而去的竟是一位普通的化学家，而不是斗牛士之类泡利无法匹敌的猛男(斗牛士的例子是泡利自己举的)。那真是“生可忍，熟不可忍”(韦小宝语)，最低限度也是“伤自尊了”(宋丹丹语)，而且这一事件似乎引发了他对自己在与女人相处方面的能力的担忧(有他的多封信件为证)。

② 不过泡利毕竟是泡利，哪怕在精神状态最低落的时期，他也依然作出了一些重要工作，比如撰写他的量子力学“新约”(Die allgemeinen Prinzipien der Wellenmechanik)。他后期在量子场论方面也有不俗的工作。

connecting principle)、"非因果平行性"(acausal parallelism)之类的概念,试图解释包括泡利效应在内的一些"现象"。

尽管相信泡利效应的这两个半人都有赫赫的名头,不过若是让我来评论一下这几位爷在此事上的观点或做法的话,我愿意借着"六一"的气氛斗胆给出以下的评语:

- 斯特恩的做法:humourously wrong(错得幽默);
- 泡利的观点:wrong(错);
- 荣格的观点:not even wrong(连错误都不如)①。

当然,荣格的粉丝也别生气,就当是"六一"节的玩笑好了。

参考文献

[1] Enz C P. No Time to be Brief: A Scientific Biography of Wolfgang Pauli[M]. Oxford: Oxford University Press, 2002.

[2] Miller I. Deciphering the Cosmic Number: The Strange Friendship of Wolfgang Pauli and Carl Jung[M]. New York: W. W. Norton & Company, Inc., 2009.

[3] Peierls R. Bird of Passage: Recollections of a Physicist[M]. Princeton: Princeton University Press, 1985.

[4] Weisskopf V. The Joy of Insight: Passions of a Physicist[M]. New York: Basic Books, 1992.

[5] 戈革. 史情室文帚(下)[M]. 北京:中国工人出版社, 1999.

二零零九年五月三十一日写于纽约

① "not even wrong"是泡利针对某位年轻物理学家的一篇论文发表的评语。后来有人将之引申为与科学哲学上的可证伪性原理(principle of falsifiability)相联系的概念。从可证伪性原理的角度上讲,错误好歹算是被证伪的东西,"not even wrong"则是连可证伪性都不具有,因而连错误都不如。

让泡利敬重的三个半物理学家[①]

好像我每次写泡利(Wolfgang Pauli)总是在"六一"附近，上次写"泡利效应趣谈"是在5月底，这次则是在6月初，可能是这个话题比较轻松吧。其实泡利的论文大都不是省油的灯，但他的故事却充满了轻松诙谐，在"六一"附近自然只适合谈论后者。

喜欢物理学史的朋友想必都知道，泡利是一位以批评尖刻、不留情面著称的物理学家，荷兰物理学家艾伦菲斯特(Paul Ehrenfest)曾给他取过一个外号，叫做"上帝的鞭子"(God's whip)。至于他的具体"执鞭"事迹，大家可能已经听得多了，在这里我只讲一个在我看来流传较少，并且特别有趣的。我们知道，俄国有位以狂傲著称的物理学家，叫作朗道(Lev Landau)。有人画过这样一幅漫画：朗道坐在讲台上，长着一对天使翅膀，头上绕着光环(仔细看的话，那光环似乎是用量子力学波函数 ψ 组成的)，下面的学生则个个长着长长的驴耳朵，恭恭敬敬地聆听教诲。无独有偶，泡利的学生在泡利面前也有耳朵偏长的感觉，在泡利的学生中流传着这样一种说法，那就是他们可以问任何问

---

① 本文曾发表于《现代物理知识》2012年第4期(中国科学院高能物理研究所)。

题，而不必担心问题太愚蠢，因为任何问题对泡利来说都是愚蠢的①。

也许是看武侠小说种下的好奇心，当我第一次读到朗道的故事时，心中就闪过了一个问题，那就是：如果狂傲的朗道遇到尖刻的泡利，会发生什么状况？

当然，我没指望这个准武侠问题会有答案。可没想到的是，这个问题居然真的有答案。据说有一次朗道到苏黎世去做演讲——众所周知，苏黎世是泡利的老巢，而且泡利当时正在巢内！结果一向狂傲的朗道藏起了天使翅膀（"隐形的翅膀"？），收起了 ψ 光环（波包收缩？），讲完后还破天荒地作绵羊状，谦称自己所讲的东西也许是错的。"噢，绝对不是，"泡利安慰说："你讲的东西是那样地乱作一团，我们根本弄不清哪些是对的，哪些是错的。"

这个故事我在英文文献中没有看到过，也不知其原始出处，不过已故中国科学史学家戈革先生在他的《史情室文帚》中讲过这个故事，从而应该是有来源的——不过那来源也可能只是八卦。20 世纪前 30 年的物理学史实在太过激动人心，距今虽然才不过一个世纪，却已像上古神话一样抹上了传奇色彩。一般来说，除非是物理学家在信件、访谈或回忆录中记述过的亲身经历的东西，别的一切都可能只是八卦。罗伯森（Peter Robertson）在《玻尔研究所的早年岁月》一书中曾经写道："在大多数情况下，这些逸闻几经转述，变得更具有寓言或象征性的含义，它们既是一代物理学家留给下一代的部分遗产，也是物理学史中围绕这一不寻常历史时期的不断增长的神话中的一部分。"

不过，事实也好，神话也罢，既然泡利是这样一位有趣人物，我们就要问了：这位以尖刻著称，甚至能让朗道变成"绵羊"的人物心中，是否也有让他敬重的物理学家呢？答案是肯定的，但人数不多。我数了数，总共只有三个半（上回在《泡利效应趣谈》中我以一人之差没能拾到任老教主的牙慧，这回不能

---

① 绝对需要辨明的是，泡利和朗道的不留情面与吾国文人间的彼此相轻完全是两码事，前者充满了幽默和智慧，并且深得同行和学生的喜爱，而后者则是……（此处作者省略 137 字）。

再失手了)。不过在介绍这三个半人之前,我先要对“敬重”一词做一点说明,因为这个词对泡利和对别人是有一定差别的,对泡利来说,我觉得它的“定义”是这样的①:

从不批评=极度敬重

偶尔批评=比较敬重

偶尔表扬=有点敬重

狠狠批评=正常朋友

好了,现在我们言归正传,先说那半个人,他的名字大家都很熟悉,叫做海森伯(Werner Heisenberg)。论辈分,他其实是泡利的师弟(年龄也比泡利略小)。尽管辈分不高,但早在 1924 年,在这位师弟尚未完成任何重大工作时,泡利就已对他刮目相看。当时人们正被复杂元素的光谱问题搞得焦头烂额,泡利在给玻尔的一封信中将几乎所有物理学家都损了一通,说他们可以分为两类,一类是先用半量子数算一遍,如果不行就改用整量子数;另一类是先用整量子数算一遍,如果不行就改用半量子数。但他特意加了一个注释:“我不把海森伯包括在内,他更有头脑。”泡利的遗孀在泡利去世后接受一位科学史学家采访时,也曾回忆说泡利对海森伯的物理直觉有很深的敬意,认为那种直觉“盖过了所有的反对理由”。

当然,泡利与海森伯也闹过别扭,在 20 世纪 50 年代,他们两人曾合作发展过一种非线性旋量理论(那是海森伯版的“统一场论”)。但泡利后来不仅退出了合作,而且对海森伯进行了公开且尖刻的批评。杨振宁曾回忆过 1958 年夏天他们在日内瓦国际高能物理会议上的争论,他说:“这是我从来没有见到过的,两个重要的物理学家当众这样不留情面地互相攻击。”但是,在同年秋天,泡利却告诉海森伯:“你必须把这项工作推进下去,你总是有正确的直

① 当然,上述“定义”只适用于泡利朋友圈中的人(包括师长、同事和学生)。跟泡利八杆子也打不着的人千万不要跳出来说:“泡利从来没有批评过我,因而他对我极度敬重”。

泡利(右)与海森伯

觉。”当然，那段时间泡利的情绪和健康都已不太稳定(那年的 12 月 15 日，他就离开了人世)，对他那段时间的言论也许不宜做太多解读。不过在与泡利年纪相仿的物理学家中，从未有第二个人从他那里得到过如此高的评价，因此海森伯这“半个人”的地位应该是很稳固的——或者说是“测得准”的。

现在来谈谈那三个“完整的人”(郭德纲语)。首先亮相的是“老牌劲旅”爱因斯坦(Albert Einstein)。虽然在有关泡利的故事中，不乏拿爱因斯坦垫背的，比如关于泡利指出爱因斯坦错误的故事，而且我还可以补充一件流传较少，但绝对真实的事情，那就是当爱因斯坦发表了反对哥本哈根诠释的 EPR 论文之后，泡利在给海森伯的信中曾经调侃道：“假如一个大学生在低年级时提出了这样的反对意见，我会认为他很有头脑，也很有前途。”①不过，尽管留下了上述白纸黑字，综合地讲，泡利对爱因斯坦这位 20 世纪最伟大的物理学家是充满敬意的。我们知道，泡利和爱因斯坦晚年曾在美国普林斯顿高等研究院共事过。1945 年，当泡利获得诺贝尔物理学奖时，普林斯顿的同事们为

---

① 需要指出的是，泡利是特别喜欢在私信中使用调侃笔调的(尤其是调侃第三者——即收信对象以外的其他人)，那对他是一种莫大的乐趣。泡利的前妻——就是我们在《泡利效应趣谈》的注释(即 24 页注①)中提到过的那位嫁给化学家的前妻——曾回忆说，泡利“常常在我们房间里像一只笼中的狮子一样来回走动，构思着尽可能尖刻和诙谐的回信，这给了他巨大的愉悦”。一般来说，我对泡利私信的看法是：他私信中的赞许远比批评可靠，前者通常有确切理由，后者则往往只是调侃。

他举办了一个庆祝会。在会上，爱因斯坦出人意料地发表了简短的祝贺①。泡利对来自爱因斯坦的这份祝贺极为珍视。几年后，爱因斯坦 70 岁生日时，泡利在给爱因斯坦的信中这样写道：

泡利与爱因斯坦

> 您的 70 岁生日给了我一个愉快的机会，在向您表示由衷祝贺的同时，告诉您我是多么感激您在普林斯顿给予我的私人友情，以及您 1945 年 12 月在研究院庆祝会上的讲话给我留下的记忆有多么难忘。

爱因斯坦去世后，泡利在给玻恩（Max Born）的信中，再次提到了爱因斯坦的那次讲话：

> 这样一位亲切的、父亲般的朋友从此不在了。我永远也不会忘记 1945 年当我获得诺贝尔奖之后，他在普林斯顿所作的有关我的讲话。那就像一位国王在退位时将我选为了如长子般的继承人。

泡利对爱因斯坦发自内心的敬重，在这些绝无半分调侃的文字中流露得非常清晰。

不过在让泡利敬重的人当中，爱因斯坦还排不到第一，甚至连第二都悬，因为争夺第二的是一位强劲的对手：丹麦物理学家玻尔（Niels Bohr）。在量子理论发展史上，人们对玻尔具体贡献的大小或许有所争议（感兴趣的读者可参阅拙作《纪念戈革——兼论对应原理、互补原理及 EPR 等》的第三节和第五节），但几乎无可争议的是，他是一位极富感召力的领袖人物。大多数年轻物理学家对玻尔都非常敬重，其中包括那位以狂傲著称的朗道。朗道不仅敬重玻尔，而且还很谦虚地向他请教过有什么秘诀能把这么多有才华的年轻人聚

---

① 后来公布的文件显示，在泡利获奖前不久，爱因斯坦向诺贝尔奖委员会推荐了泡利。

集在自己周围(玻尔的回答是：我只是不怕在他们面前暴露自己的愚蠢。不过据说朗道向别人转述这一回答时，把“暴露自己的愚蠢”错说成了极具朗道特色的“暴露他们的愚蠢”)。作为哥本哈根学派的铁杆成员，泡利跟玻尔的关系也是非常密切的。1922 年，玻尔在哥廷根做了一系列演讲，由此结识了海森伯和泡利。演讲后泡利在给玻尔的信中表示：“非常感谢您在哥廷根时那样亲切地让我了解到最广泛的问题，那对我来说有着无可估量的益处。”二十多年后，在回忆自己的科学生涯时，泡利再次表达了对玻尔的敬意，他说：“我科学生涯的一个新阶段始于我第一次遇见尼耳斯·玻尔。”

泡利与玻尔正在玩翻转陀螺(这是我最喜欢的物理学家相片之一)

关于泡利对玻尔的敬意，还可以补充一个很有趣的例子。我们知道，泡利曾把玻尔的弟子，比利时物理学家罗森菲尔德(Léon Rosenfeld)戏称为“教皇的唱诗童子”。但事实上，在玻尔这位“教皇”面前，泡利本人也时常表现得像一位试图博取疼爱的孩子。1924 年底，在讨论元素光谱时，泡利给玻尔的信件中居然出现了这样的文字：“如果我的胡思乱想居然真能使您又亲自关心起多电子原子的问题来，那我就将是世界上最快乐的人了。”老实说，如果把上述文字中的物理去掉，我恐怕会分不清说话者是泡利还是琼瑶。世上能让泡利以如此语气写信的人，恐怕只有玻尔了。因此，玻尔在让泡利敬重的人当中绝对是可以坐三望二的(而且我倾向于把他排第二)。

不过，泡利和玻尔在多数观点上虽可算是同气连枝（与“站在了历史的错误一面”的爱因斯坦不同），但也免不了要受泡利的批评（当然，大都是很客气的“治病救人”式的批评），比如玻尔那短命的BKS理论，就因为放弃了严格意义下的能量守恒定律而遭到了泡利的批评。后来当美国物理学家康普顿（Arthur Compton）等人用实验否决了BKS理论后，玻尔在给同事的信里承认，泡利“长期以来就是对我们的‘哥本哈根叛乱’不表同情的。”

那么，在与泡利有深交的物理学家之中，有没有谁是从未受过泡利批评——从而按我们的“定义”是让泡利“极度敬重”——的呢？有，但有且仅有一位，那就是泡利的导师索末菲（Arnold Sommerfeld）。事实上，泡利不仅从未批评过索末菲，甚至终其一生都在索末菲面前谨守着弟子礼仪。哪怕当他早已成为极有声望的物理学家之后，只要索末菲走进他的屋子，泡利就会立刻站起，甚至鞠躬行礼。他的这种乖顺的举止常常让习惯了严厉批评的他的弟子们“没事偷着乐”。对此，奥地利物理学家韦斯科夫（Victor Weisskopf）在其自传中有过很有趣的记述：

> 有一个人泡利对他的反应是不同的。当阿诺德·索末菲——泡利以前的导师——来到苏黎世访问时，一切就都变成了“是，枢密顾问先生，是，那是最有趣的，虽然我也许会倾向于稍稍不同的表述。我可不可以这样来表述？”对于太经常成为他霸气牺牲品的我们来说，看到这样一个规规矩矩、富有礼貌、恭恭敬敬的泡利是一件很爽的事情。

关于泡利对索末菲的敬重，除外人的观感外，还可以举出泡利本人的文字。索末菲70岁生日临近时，泡利开始撰写一篇索末菲感兴趣的文章。为了让文章能恰好完成于索末菲生日当天，泡利将完稿日期推延了几天。但擅自推延索末菲喜欢的文章是有风险的，万一老爷子生气怎么办？于是他给索末菲写了一封安慰信：

> 您紧皱的眉头总是让我深感敬畏。自从1918年我第一次见到

您以来，一个深藏的秘密无疑就是，为什么只有您能成功地让我感到敬畏。这个秘密毫无疑问是很多人都想从您那儿细细挖掘的，尤其是我后来的老板，包括玻尔先生。

泡利(右)与索末菲

事实上，不仅泡利如此，索末菲所有的学生在他面前都保持着恭敬的礼节，而索末菲本人似乎也很喜欢这种礼节。这种老派的德国礼仪曾让一些美国物理学家不以为然。比如美国氢弹之父泰勒(Edward Teller)就表示自己不太喜欢索末菲，原因就是太重礼仪。他说美国物理学家冯·弗莱克(John Hasbrouck Van Vleck)年轻时曾经见过索末菲。第一次见到时，他打招呼说："早上好，索末菲先生"，索末菲基本未予理会；第二次见到时，他打招呼说："早上好，教授先生"，索末菲只是淡淡地笑了笑；直到后来当他说："早上好，枢密顾问先生"时，索末菲才赞许地回答说："你的德语进步很快啊。"①

但不管怎么说，在索末菲的学生之中，有六人获得过诺贝尔奖，几十人成为第一流的教授，他们的名字足可铺成一条20世纪物理学的星光大道。索末菲本人虽从未得过诺贝尔奖，却是一位无冕之王，是物理史上最伟大的教师之一，他在让泡利敬重的物理学家中拔得头筹是实至名归的。

也许在未来的某个"六一"，我会写写这位伟大教师的故事。

---

① 索末菲的"枢密顾问"头衔究竟何时所获我始终未能查出。不过韦斯科夫的回忆录和泰勒的访谈都提到了此头衔，应该不是"克莱登大学"的。另有一种可能性是"枢密顾问"在德国可以作为敬称来用(就像中国的"大师")，不过我同样未能查到任何资料支持这种可能性。

参考文献

[1] Enz C P. No Time to be Brief：A Scientific Biography of Wolfgang Pauli[M]. Oxford：Oxford University Press，2002.

[2] Mehra J，Rechenberg H. The Historical Development of Quantum Theory[M]. Berlin：Springer，2000.

[3] Seth S. Crafting the Quantum：Arnold Sommerfeld and the Practice of Theory，1890—1926[M]. Boston：The MIT Press，2010.

[4] Weisskopf V. The Joy of Insight：Passions of a Physicist[M]. New York：Basic Books，1992.

[5] 玻尔. 尼耳斯·玻尔集(第五卷)[M]. 戈革，译. 北京：科学出版社，1991.

[6] 玻尔. 尼耳斯·玻尔集(第七卷)[M]. 戈革，译. 北京：科学出版社，1998.

[7] 戈革. 史情室文帚(下)[M]. 北京：中国工人出版社，1999.

[8] 杨振宁. 杨振宁演讲集[M]. 天津：南开大学出版社，1989.

二零一零年六月五日写于纽约

纪念戈革——兼论对应原理、互补原理及 EPR 等

我的一生都没有休息过，不为别的，就为我喜欢的事情，不是为了稿费，不是为了别人，而是为了自己，我就是要翻译《玻尔集》。

戈革（《正直者的困境》，2006 年）

一、 著作等身的翻译家

前不久，我从国内邮购了戈革先生的自选集《史情室文帚》。阅读之后颇有些感想及感慨，便打算写一篇文章，一来介绍一下这位造诣深厚却鲜为人知的玻尔研究者、科学史学家及翻译家（也许很少有人称呼他为“翻译家”，但我认为他当之无愧）；二来也评述一下他在玻尔的历史地位、对应原理、互补原理及 EPR 争论等方面的若干观点。结果在收集资料的过程中，却意外地得知老先生已于 2007 年 12 月 29 日离开了人世。

过去这些天里，我几乎每天都在上下班的路上阅读戈革先生那些有个性、有见地、有火气，甚至有生命的文字，叹息于他的坎坷人生，钦佩于他的勤奋笔

2001 年美国物理协会刊登的戈革照片

耕，为他对玻尔的眷恋之情而感动，也为他坦荡、率真及刚正不阿的性格而喝彩。可惜从今往后再不能看到他的新作了。就谨以本文作为对他的纪念吧。

最早知道戈革是在 1991 年。那时我刚进复旦大学物理系，在图书馆里读到了他的著作《尼耳斯·玻尔：他的生平、学术和思想》。在当年的日记中，我写下了这样的感想：

> 这确实是一本不可多得的优秀作品。作为一位中国学者，研究近代物理学史的条件是很有限的。但戈革教授精心地对所掌握的材料进行分析、取舍，力求按照第一手资料，精确真实地再现玻尔生活的时代，这是这部书引人入胜的地方。在书中，随处可见作者对各种资料的评述及对自己历史观的阐述，这些阐述体现了作者独特的风格。在中国，历史研究常常因过多陷入政治的范畴，而导致单调、刻板、说教的风格。能够读到这样的一些富有逻辑、措辞严谨、尊重史实的文字，真有一种耳目一新的感觉。

后来我又陆续接触到了戈革的一些翻译作品，比如《原子理论和自然的描述》、《原子物理学和人类知识》、《原子物理学和人类知识论文续编》等。那些是他最早翻译的玻尔著作，他在 20 世纪 50 年代因看到苏联在批判玻尔及哥本哈根学派，便向商务印书馆自荐，表示愿意翻译玻尔作品，让大家知道其反动之处究竟何在，以便更好地进行批判。结果翻译之下却喜欢上了玻尔，而且翻译得越多，就喜欢得越多，最终一发不可收拾地将毕生精力都投入到了翻译与研究玻尔之中。戈革那几本早期译作出版于20世纪60—70年代。那时正值极左风暴横扫神州大地，喜欢玻尔是要被“砸烂狗头”的，因此不仅不能有丝毫流露，还要装模作样地与革命大众一起来批判玻尔。我当年在复旦看到的译作就是60—70年代的旧版(当时戈革用了“郁韬”这一笔名)，前面有批判玻尔的译者序。当初读到那些批判文字时我还觉得有点好笑，后来才渐渐体会到了译者所经历的那种人在江湖、身不由己的无奈与痛苦。1999年，那三本译作被合并再版为《尼耳斯·玻尔哲学文选》。戈革先生在再版序言中写道：

> 当年那三册小书的前两册出版于“十年动乱”以前，而其第三册则属于我所谓的“牛棚译”，那是在九死一生、众叛亲离、朝不保夕、饱受折磨的非人生活中偷偷译成的。

“九死一生、众叛亲离、朝不保夕、饱受折磨”——这短短十六字的背后埋藏了多少血泪？正所谓“多少辛酸事，尽付十六言”。戈革将当年这种偷偷译书的努力称为“镇痛剂”。我想，在那暗无天日的岁月里，也许正是玻尔伟大的人格力量，哥本哈根令人神往的学术氛围，为在污浊人世中苦苦挣扎的戈革保留了心中仅有的暖意。或许也就是在那时，玻尔研究成为了他一生的心灵归宿。

1988年秋天，戈革应尼耳斯·玻尔文献馆(Niels Bohr Archive)馆长伊瑞克·吕丁格(Erik Rüdinger)的邀请，到丹麦访问了半年。那是他首次访问丹麦。在那里，他两度前往阿塞斯腾教堂公墓(Assistens Kirkegaard)拜谒玻尔墓。回国后，他在《自然杂志》上发表了八篇短文，记叙自己在哥本哈根的见闻。其中对第二次拜谒玻尔墓，他留下了这样的记叙：

> 阿塞斯腾教堂公墓中葬有丹麦近代的三大文化名人，即诗人、童话作家安徒生，哲学家、神学家基尔凯郭尔和物理学家、哲学家玻尔。

在我即将离开哥本哈根之际，已经成了我的好朋友的伊瑞克说，我们应该再去一次阿塞斯腾公墓，以便看看另外两位名人之墓。我欣然同意。这一次(1989年2月19日)，我买了一盆鲜花，先到玻尔墓前献花告别，总算得偿了第一次谒墓时未能完成的献花心愿。但因在玻尔墓前流连得太久，墓园即将关门(下午5时)，所以到底没能到另外两位名人墓前一拜，真所谓缘悭一面了！

这段话寥寥数语，细品起来却是真情流露，带着一种拜谒亲人般的依恋。而这种依恋，又浸透着无比的孤单。他在《史情室文帚》扉页上所印的就是一张摄于玻尔墓前的相片——在冬日的萧瑟树林中，老先生一人孤零零地站立在墓碑旁。

1988年戈革摄于哥本哈根玻尔墓旁

戈革先生是中国最杰出的科学文献翻译者之一，一生所译著作超过1000万字，其中以《尼耳斯·玻尔集》(Niels Bohr Collected Works)最为著名。这套总计十二卷的文献他以一人之力译出了十卷，而这十卷译作的出版更是历经磨难，几度遭遇出版社的出尔反尔，也几经更换出版社。1990年4月，戈革曾写过一篇短文《十年辛苦自家知》，叙述自己为翻译和出版《尼耳斯·玻尔集》十年劳碌奔走的甘苦。那篇短文的发表过程本身似也在为其所承载的辛苦主题做着诠释。戈革在将该文收入《史情室文帚》时写道：

此文脱稿于1990年4月4日，刊于《博览群书》的某期，是该刊一位编辑向我约的稿。刊出时被编辑部粗暴删改，将后面的很长一部分完全砍掉。结果前面说《玻尔集》有“三方面的”意义，而后面却只论述了“两方面”(第三方面被删掉了)，呈现了“前言不搭后语”之势。这样的“删节”实在开了我一个“大玩笑”！

“十年辛苦”还只是辛苦的开头，随着戈革翻译生涯的继续，出版的艰辛也在继续。首先遇到的当然就是钱的问题。早在 1980 年，戈革就颇有先见之明地在一篇发言稿中写道：

> “经费”从哪里来？有没有“利润”？这样的问题是我这种书呆子所最害怕和最外行的东西。我只希望，如果咱们确实真心实意地搞“现代化”，钱(！)的问题应该有办法解决。不然呢？——那就一切全都等于废话！

现在看来，“咱们”搞现代化倒是真心实意的，但“咱们”也真心实意地不想把钱扔在这些无法生出更多钱来的地方。最终，还是靠他这位“书呆子”从国外筹来了经费，将《尼耳斯·玻尔集》的出版惨淡延续了下去。但即便如此，命运依然要残酷地让他在有生之年见到这套自己为之付出无数心血的文集被排挤出中国大陆。等他完成第十卷的译稿时，偌大个中国大陆已找不到一家合适的出版社。该卷最终由他自费，并采用香港书号出版，由此导致的直接后果，便是无法在内地销售(因为没有中国大陆的书号)。该卷的很多存书也因此而一直堆积在戈革家中。

戈革翻译《尼耳斯·玻尔集》的努力在中国遭遇了重重困难，在玻尔的故乡丹麦却引起了很大反响，并受到媒体的广泛报道。戈革生前曾三度应邀访问丹麦，每次历时约半年。除学术交流外，他还利用国内外赞助的经费收集整理了大量与玻尔有关的文字、图片、影像及实物资料，这些资料起初大都收藏于戈革生前所在的中国石油大学的玻尔文献室里，戈革去世后，该文献室变得越来越难以维持，最终于 2010 年 4 月迁往了清华大学。

2001 年夏天，戈革获得了丹麦国旗骑士勋章(Danish Order of the Dannebrog)，成为继《安徒生童话》的译者之后又一位获此殊荣的中国人。那年秋天，美国物理联合会(American Institute of Physics)在一篇通讯中报道了戈革，并称其为（研究）科学史的英雄（A Hero of History of Science）。在戈革去世前不久，他收到了《尼耳斯·玻尔集》的最后两卷，那时他因眼疾加剧，已无法独立从事翻译工作，但依然凭借放大镜及自费聘请的助手的帮助，顽强地完成了译文的初稿，使这套第一流的译作不至于成为断臂的维纳斯。①

除《尼耳斯·玻尔集》外，戈革还翻译了玻尔、海森伯（Werner Heisenberg）、爱因斯坦（Albert Einstein）等人的几种传记及其他相关文献。他也翻译过《爱因斯坦全集》（*Collected Papers of Albert Einstein*）的第三卷、麦克斯韦（James Clerk Maxwell）的《电磁通论》（*Treatise on Electricity and Magnetism*）等名著。他不仅英文功底深厚，而且翻译态度严谨，常常会为搞清一个典故而去信向国外友人询问。更重要的是，他的翻译大都是在读懂原著的基础上进行的，这可以从他在译者序或译者注中对原著所作的精辟评论中看出。他对玻尔著作的研读更是细致入微，在去世前口述的自传体文章《正直者的困境》中，他对自己的翻译曾有过这样的叙述：

> 说到《玻尔集》，也有人劝我把剩下的工作交给别人翻译，但我不放心，因为那不仅是英语，而且是丹麦的英语，是玻尔的英语。我翻译了十卷，我比较了解他运用英语的方式，英语在他身上，用法不太一样。

毫无疑问，译作是戈革先生留给中国史学界最宝贵的遗产。

二、 经历坎坷的独行侠

现在再回过头来叙述一下戈革先生的生平。戈革先生的一生，最主要的工作是研究科学史，尤其是研究玻尔。但正如他自己所说：“我研究玻尔，逾三十年，但在国内受到封锁和排挤，可谓全无任何知名度。②”与所有“全无任

① 2012 年，《尼耳斯·玻尔集》中译本全部 12 卷终于被华东师范大学出版社出版。

② 这段话写于 1990 年，到他去世时，他研究玻尔已近半个世纪。

何知名度”的人一样，有关戈革的生平，可资参考的材料极少。他所任教的中国石油大学数理系曾有一段简介，提到他 1922 年 1 月 22 日出生于河北省献县农村（其他资料一般只提到他出生于 1922 年 1 月）。他一生著作等身，却极少述及自己的生平。晚年时曾有朋友劝他写一本自传，但他却想等玻尔的书翻译完了再写。可惜上苍并未给他那么多的时间。现在我所能找到的有关戈革生平最有价值的材料，是他 2006 年口述的自传体文章《正直者的困境》，其余信息则只能从散见于其他文章的只言片语中进行收集与推测。

戈革幼年丧父，童年岁月在颠沛流离中度过。15 岁那年，抗日战争爆发，戈革在乡下躲避了两三年，此后辗转于河南、甘肃等地，在甘肃酒泉念了中学。1945 年，戈革考入了当时中国最好的大学——或许也是中国教育史上最令人景仰的大学——国立西南联合大学（简称西南联大）。一年后，西南联大迁回北大、清华及南开旧址复校。戈革选择进入了北大。

1949 年，戈革从北大毕业，进入清华大学当研究生，但因当时教学秩序混乱，离校时并未获得学位。毕业后，虽经努力，志在理论物理的戈革仍未能进入综合性大学从事理论物理的教学及研究，而是被分配到了工科学院——先是进了山东工学院，后又于 1953 年进了当时刚刚成立的北京石油学院（现已改名为中国石油大学），在那里工作了一辈子。我最早知道戈革的时候，对他的石油学院教师这一身份颇感意外，因为这个学院与他的专业、兴趣及著作等简直八杆子也打不着。他的这一身份后来还让人闹出过笑话。在戈革接受丹麦国旗骑士勋章时，曾有位中方领导到场发言，此人并不认识戈革，听说他是石油大学的教师，就在仪式上大谈了一通丹麦和中国的石油问题，并赞扬了戈革对中国石油业的贡献。

像戈革这样理论出身，在工科院校“不务正业”、“理论脱离实际”的教师，在政治运动中自然难逃革命学生、革命同事及革命领导们的“法眼”，先是众望所归地被划为右派，后又于 1969 年被定为反革命，在牛棚中度过了漫长岁月。

在那些受尽屈辱，并且丧失行动自由的黑暗日子里，他的母亲离开了人世[1]。

戈革的一生历经坎坷，但那样的经历并未将他打磨成一个胆小懦弱、圆滑世故的人，相反，他脾性顽强，性格火爆，言辞犀利，嫉恶如仇。他的文字火气十足，火力更是十足，但同时却又不乏幽默，富有机锋。他对学术界外行领导内行、不学无术、信口开河、向壁虚造等种种弊端及腐败深恶痛绝，在文章中常予以毫不留情的痛斥。他在1980年的"科学技术史学术会议"上发言提出：

> 多年来对我们学术风气污染最严重的，就是"江湖气"和"行帮气"。这两者都带有很浓烈的封建味道，而且往往形影不离，交相为用。学术界的一切以假乱真、装腔作势、夸夸其谈、洋洋自得、投机取巧、妒贤嫉能、剽窃抄袭、结党营私、招兵买马、独霸一方、开山立柜……种种的恶习，几乎都不外是这"二气之'良'能"！

从某种意义上讲，戈革是"文革"之后公开批评学术腐败的先驱者之一，这种批评在当时是需要很大勇气的。由于他这种火爆的脾气和嫉恶如仇的性格，戈革在周围很多人眼里成为了一位怪人，日益受到孤立和排挤。用他自己的话说："我是一个很不好惹的老家伙……一辈子批评别人不看头势，常被人家恨得'牙痒痒地'。"他在国内的知己寥寥无几，远少于他在海外的朋友。

除泛泛抨击学术界的腐败、肤浅、跟风、出丑等行为外，戈革也通过自己的科学史研究，具体指出并纠正了许多长期存在的以讹传讹、广为流传(或有意散布)的错误。比如他曾撰文驳斥所谓玻尔的互补原理与中国古代的阴阳符号或太极八卦存在关联的无稽之谈。他也曾驳斥过那些认为《易经》或《博物志》等中国古籍包含现代科学思想的"研究"。

当然，戈革关注得最多，并且研究得最透彻的，还是与玻尔有关的科学史。在这方面，他所指出并纠正的某些错误不仅普遍存在于中国史学界，也存在于国际学术界。比如有关玻尔当年面对的原子稳定性问题的真正含义，绝大多

---

① 这一点是从他发表于2001年的文章《红莩论猫》中的文字"吾母逝时，吾方身在难中"加以推测的，倘若有误，欢迎知情的读者不吝指正。

数中外文献都只给予了片面描述;比如许多中外教科书在提到玻尔原子模型时都有所谓玻尔的"三条假设"之说,这与玻尔原始论文的结构明显不符;又比如对玻尔对应原理的理解,绝大多数中外文献都存在着明显的曲解。①

除此之外,戈革对物理学史(尤其是量子力学发展史)的其他方面(比如玻尔是否如一些史学家认为的那样反对过爱因斯坦的光量子假说),以及一些疑案(比如发生在1941年的玻尔、海森伯密谈事件的真相),也都有所涉猎,并翻译过一些文献。值得一提的是,戈革为自己译作所写的译者序是他文字中很重要的组成部分。他的很多译者序不仅是精彩的书评,更是自己的研究心得,读起来引人入胜,而且很有参考价值,是阅读戈革译作独有的一种额外乐趣(只可惜有些译者序因言辞过于激烈而惨遭出版社编辑的毒手)。

戈革在翻译及研究玻尔方面的成果,赢得了国外玻尔研究者们的尊敬,在彼此的交流中他与其中的很多人成为了好友。玻尔唯一从事物理研究的儿子,1975年诺贝尔物理学奖得主奥格·玻尔(Aage Bohr)甚至认为戈革也许能当互补原理的"亚圣",即除玻尔本人外最深知互补原理含义的人。当然,戈革认为那是奥格·玻尔跟他开的"丹麦式的玩笑",但即便是玩笑,能让奥格·玻尔开这样玩笑的人恐怕也不多。戈革的学术活动得到了海内外一些机构及个人的资助,他将这些资助都用于了学术活动及资料收集,他自己的生活则一直很清贫。他81岁时曾在一篇文章中写道:

> 老夫一生最向往的,便是一间比较宽敞适用的书房,但至今未得,而且今后也不会有任何希望……多年以来……虽然也有自己的工作场地,但是那都称不得书房,最多只是一间斗室,兼作读、写、会客、储藏(衣服、被褥)和养猫之用而已。此种场地有其自己的变迁,地址、结构和大小各不相同,最小之时乃是床头约两平方米之地,只放得下一桌一椅而已(我所译《玻尔集》的头四卷便是在该处完成的)。

① 不过在这一点上,戈革先生的叙述在我看来也有所欠缺,我将在本文的第四节中加以评述。

戈革先生的这种经历，是不少老一辈知识分子(尤其是那些不会趋炎附势的知识分子)的共同经历，也是中国亏待那一代知识分子的明证。

除物理学史外，戈革先生在古体诗、篆刻、书法、绘画等方面也有出众的才能，限于本人的知识范围，本文对这些就只能一概从略了。在本文接下来的部分中，我将对戈革先生有关玻尔的历史地位、对应原理(correspondence principle)互补原理(complementarity principle)及 EPR 争论等方面的若干观点进行评述，并提出一些不同看法。戈革先生若泉下有知，当不会介意我在一篇纪念他的文章中提出一些不同看法，因为国内常见的那种如样板戏一般高、大、全的浮夸传记或自传也正是他本人所素来不喜的。

三、关于玻尔的历史地位

在戈革先生的观点中，最有争议的也许是对玻尔的历史地位，尤其是对他与爱因斯坦的相对地位的评价。戈革在这方面的基本观点，是认为玻尔的历史地位不在爱因斯坦之下。① 比如他在《尼耳斯·玻尔：他的生平、学术和思想》一书的序言中这样写道：

> 真正全面地、综合地、历史地、不偏不倚地考察起来，无论就其深度、广度、强度来看还是就其持久性来看，玻尔在 20 世纪物理学中乃至在整个的人类思想领域中所起的作用，无论如何不亚于爱因斯坦。

又比如他在《尼耳斯·玻尔的学术贡献》一文中，对玻尔的评价是：

---

① 戈革也曾表述过爱因斯坦比玻尔更伟大的观点。但他表述那种观点时大都带有一个起中和作用的补充说明。比如他曾表示“爱因斯坦应该是 20 世纪最伟大的物理学家”，但随即补充说“因为他的名气最大”。我们都知道，名气这东西来源是很复杂的，如果伟大仅仅是因为名气大，那这种伟大完全可能是带水分的。又比如他曾表示“爱因斯坦只有牛顿配与他相提并论”，“从高度上而言，玻尔也不及他”，但随即又表示“爱因斯坦是高山，玻尔是很大的山，他们俩谁更伟大很难讲”。另一方面，当他表示玻尔比爱因斯坦更伟大时，通常讲得很干脆，不拖泥带水。

> 从他们对物理学本身的全部贡献来看，玻尔无论如何不亚于爱因斯坦。从他们在20世纪物理学革命中所起的推动作用来看，玻尔显然超过爱因斯坦。

这两个“无论如何不亚于”和一个“显然超过”很清楚地表明了戈革对玻尔历史地位的评价。而在被他视为“学术遗嘱”的《〈尼耳斯·玻尔集〉译后记》中，他更是毫不含糊地提出：“尼耳斯·玻尔在科学史上的地位，可以和牛顿的地位相比。”

戈革对玻尔的推崇遭到了很多人的抨击。他60岁时(1982年)甚至在一次演讲中因这一观点而被一位比他更老的“老先生”轰下台去。后来他在文章中愤然评论道：

> 在国外，爱因斯坦的名声被无知大众吹得甚高，这未必是爱因斯坦之福(有关议论在此无暇分析)；在国内，个别人不许任何人对爱因斯坦有任何批评，谁要说了一句不敬的话，他就会暴跳如雷，那一副学阀面貌也很好玩！

此外，有批评者认为戈革对玻尔的推崇，是典型的研究什么就抬高什么。更有人指责他借抬高被研究对象来抬高自己。在我看来，戈革对玻尔的推崇是发自内心的，是因认为其伟大而研究，而非相反，更不是为了抬高自己。他在各种细节上流露出的对玻尔的感情，不是一个怀着功利目的而从事研究的人所能具有的。至于那种将戈革轰下台去的粗野做法，则不值一评。

不过，撇开各种情绪化的因素，我们也应该看到，爱因斯坦的名声绝非只是“无知大众”的吹捧，事实上，就连戈革本人也在某些文字中承认爱因斯坦是“实至名归”。在我看来，如果一定要对科学家的历史地位进行排序，那么20世纪的物理学家中唯一没有悬念的就是第一名，即爱因斯坦(类似地，20世纪之前的物理学家中唯一没有悬念的也是第一名，即牛顿)，这或许也是多数人的共同看法。那么，戈革究竟是出于什么理由，认为玻尔的历史地位“无论如何不亚于”，甚至“显然超过”爱因斯坦呢？从我收集的资料来看，他的依据主要有以下四条：

(1) 因为量子理论比相对论更重要。

(2) 因为量子理论对观念的突破比相对论更深刻。

(3) 因为玻尔对同时代物理学家的影响更大。

(4) 其他零星理由。

在本节中，我将对上述四条（尤其是二、三两条）作一些分析。鉴于此类问题固有的模糊性，这些分析当然不可能**逻辑地**推翻任何观点，因此本节的侧重点将是对上述几条的内涵进行分析，并提出一些在我看来是利用上述几条进行分析时不可忽视，却往往被忽视的地方。考虑到上述几条（主要是前三条）在文献中常常出现（虽然用意各不相同），对它们的内涵进行分析或许要比得到或推翻一个结论更有意义。至于结论——即那个见仁见智的排序问题——就像《雪山飞狐》中胡斐那一刀是劈还是不劈，每位读者可以自己去品味。

上述四条中的第一条人们已讨论得很多，我不拟多说。总体来讲，量子理论比相对论更重要，是几乎所有物理学家的共识。不过，用这一条分析玻尔与爱因斯坦的相对地位时，最大的困难在于：相对论的创立基本上是爱因斯坦的“独角戏”（即便狭义相对论，他也是基本独立——甚至孤立——地完成的），而量子理论的创立却是一大批物理学家——其中包括爱因斯坦——共同努力的结果。因此从量子理论与相对论的对比到玻尔与爱因斯坦的对比，其间存在巨大的鸿沟。

接着看第二条，量子理论对观念的突破比相对论更深刻，这也是几乎所有物理学家的共识。用这一条分析玻尔与爱因斯坦的相对地位时，除面临与前一条同样的鸿沟外，在我看来还有一个不可忽视，却往往被忽视的地方，那就是**在量子理论的发展中，观念的突破往往滞后于理论框架及实验结果的出现**。比如普朗克（Max Planck）是首先通过含义不清的数学内插手段得到与实验相符的黑体辐射公式，然后才提出量子假说；比如玻尔在构筑原子模型时，关注的是直接来自观测的原子光谱问题而非诸如“当电子从一个定态过渡到另一个定态时，它怎么决定将以什么频率来振动”之类的观念性问题；比如导致巨大观念性困难的波粒二象性，主要是由实验确立的；比如颠覆了经典决定论的波函数几率诠释，主要来自散射实验方面的经验。① 与之不同的是，**在相对论的发展中，观念的突破却先行或同步于理论框架，且独立于实验结果**。比如爱因斯坦在建立狭义相对论的过程中，一开始就对诸如同时的相对性之类的观念性问题给予了极大的重视。②

因此，**量子理论对观念的突破虽然比相对论更深刻，但它的发展过程却是由一系列比相对论的发展过程更接近常规的步骤组成的**，相应的观念性问题则往往是在那些接近常规的步骤完成之后才出现或引起重视的。换句话说，量子理论的观念性突破往往是在以接近常规的方式打开理论框架及实验结果这个潘多拉盒子之后，才自然而然跑出来的（这时候想赶也赶不走了），是一种“逼上梁山”的**被动式突破**。虽然思考、分析及接受这种突破同样需要巨大的勇气与智慧，而玻尔在其中起了重要作用。但它与爱因斯坦创立相对论所经历的**主动式突破**在难度、创造性、贡献度等方面该如何对比，是一个需要考虑的因素。

再看第三条。这一条本身显然也是成立的。玻尔与同时代的很多物理学家——尤其是年轻人——有着密切的讨论关系，在这点上他绝非本质上是“个

---

① 上面的叙述比较简化，这里补充几点：(1)“当电子从一个定态过渡到另一个定态时，它怎么决定将以什么频率来振动”是卢瑟福(Ernest Rutherford)在玻尔的论文发表之前写信提出的问题，玻尔在回信中未予回答。(2)玻尔在建立原子模型时，也引进过重要假设，比如认为处于基态的电子不辐射电磁波，但那些并不是人们通常所说的比相对论更深刻的观念性突破，即对经典决定论与经典实在观的突破。(3)波粒二象性的确立也有来自理论——比如爱因斯坦光量子假说——的影响。(4)除散射实验外，波函数几率诠释的提出也曾受到爱因斯坦提出的电磁波与光量子关系的影响。

② 这里也补充几点：(1)在狭义相对论创立之前已有很多实验积累，但它们并未对爱因斯坦的研究产生重大影响。倒是洛伦兹(Hendrik Lorentz)等人在那些实验引导下所做的努力，可以归类为实验结果与理论框架先行，从而更接近于量子理论的发展模式，可惜并未成功。(2)广义相对论三大经典验证之一的水星近日点反常进动作为一个观测结果，早在广义相对论创立之前就已被发现，但并未对爱因斯坦的研究产生任何影响（它只是在广义相对论研究接近尾声时起到了检验作用）。

体户”的爱因斯坦可比。① 可以说，玻尔是量子理论发展史上的领袖人物。不过，由讨论所产生的影响是一个高度含糊的概念，量子理论后来的发展在多大程度上得益于玻尔的这种影响，是一个很难确切回答的问题。退一步讲，即便玻尔能因这种影响而获得明确的功劳，也必须看到，由德布罗意（de Broglie）的物质波、薛定谔（Erwin Schrödinger）的波动方程以及玻恩（Max Born）的几率诠释组成的波动力学的主线是独立于玻尔发展起来的（这条主线倒是在每个环节上都受到爱因斯坦的某种影响）。同样地，狄拉克（Paul Dirac）的相对论量子力学也是独立于玻尔发展起来的。不仅如此，就连量子力学的另一条主线——矩阵力学——的提出与玻尔也没有显著关系，虽然矩阵力学的创始人海森伯（Werner Heisenberg）与玻尔有着密切关系。《尼耳斯·玻尔集》第五卷的编辑吕丁格（Erik Rüdinger）和斯陶耳岑堡（Klaus Stolzenburg）在有关矩阵力学及电子自旋的部分（即该卷第二编）的引言中这样写道：“一个很奇特的事实就是，尽管我们在这儿讨论的这个时期在其他方面是以玻尔和海森伯之间的密切相互作用为其特征的，但在 1925 年夏天却很引人注目地**没有**任何这样的作用。尽管海森伯在给克朗尼希（Ralph Kronig）的信中尤其是在给泡利的信中详细叙述了他的进展，但是现存的信件中却几乎没有包含关于玻尔如何得悉矩阵力学的证据。”

另一方面，玻尔是一个讨论型的物理学家，讨论对于他自己中期及后期的工作也是至关重要的，因此这种因讨论而产生的影响具有双向性。如果要谈论功劳，其实也必须考虑这种双向性。

除此之外，我觉得在用这一条分析玻尔与爱因斯坦的相对地位时还有一个不可忽视，却往往被忽视的地方，那就是玻尔与年轻人的讨论有时也会产生负面影响。比如荷兰裔美国物理学家兼科学史学家派斯（Abraham Pais）在

---

① 而且爱因斯坦一举奠定了直至今天依然适用的相对论基本框架，其工作结果之完善，战场打扫之干净，使得他有生之年，基本上无人能在同一领域中作出重大贡献，其影响力无疑进一步打了折扣。

《尼耳斯·玻尔的时代》(*Niels Bohr's Times*)一书中就提到,与像玻尔那样不知疲倦的人合作时,年轻人几乎没有任何时间和精力来搞自己的研究。① 他并且引述合作者之一的瑞典物理学家克莱因(Oskar Klein)的话说,他是当玻尔不在哥本哈根时才做出自己最独创和最大胆的工作的。无独有偶,海森伯也是在和玻尔讨论得筋疲力尽之后,趁其不在哥本哈根时完成了有关不确定原理的论文的,对这一工作有过启示的人是泡利(Wolfgang Pauli)、玻恩、约尔当(Pascual Jordan)及爱因斯坦,但不是玻尔。举这些例子,当然不是要抹杀玻尔对年轻人的正面影响,而是要强调在评估这种影响时所需面对的复杂性。

关于第四条,我们在这里只讨论其中特别有趣的一个观点。② 戈革在其为《科学家传记词典》撰写的词条中曾经写道:

> 甚至有人说,玻尔早就有了关于新量子力学的概念,只是他那种无休止地修改文稿的办法,才使他延误了时间,落在了别人的后面。

这段引文似在暗示玻尔有能力自己提出新量子力学。但事实上,玻尔在

---

① 关于玻尔与年轻人的合作,奥地利物理学家韦斯科夫(Victor Weisskopf)在其自传《洞察的乐趣》(The Joy of Insight)中有几段有趣的回忆。他说跟玻尔合作的人常被戏称为"受害人"(victim)。合作的过程往往是这样的:一旦玻尔心血来潮要讨论时,"受害人"就被叫进玻尔的办公室,在一张桌子旁坐好。玻尔自己则在办公室里走动,每隔几分钟绕"受害人"走一圈。在走动的过程中,玻尔一边思考一边表述自己的想法。"受害人"如果听不懂或觉得不够清楚就需要大声说出来,以便玻尔改进表述。口述论文时玻尔通常会使用极长的德文句子,要求"受害人"记录下来,玻尔还常常修正自己的长句("受害人"当然也就得重新记录)。韦斯科夫当"受害人"时曾希望玻尔将长句拆成短句,未获同意;韦斯科夫还曾希望自己也能站起来走走,也未获同意。玻尔的规则是"只能有一个人走动"(这个人是谁当然不言而喻),因此韦斯科夫只能连续几天"罚坐"。当然,韦斯科夫表示当"受害人"其实是难得而荣幸的机会,能亲眼目睹玻尔如何做研究。不过,更"厉害"的年轻人有时不那么看。比如狄拉克只当了半小时的"受害人"就"拍案而起",对玻尔说:"我在想,学语文时是否有人告诫过您不要在完全想好之前就把一句话写下来?"(这句话太长,不像传说中的狄拉克风格,不过既然是韦斯科夫回忆录中提到的,就姑妄听之吧。)

② 零星理由的另一个例子,是引述若干物理学家对玻尔的推崇。这种选择性的引述只能为文字增色,却不足以作为论述依据。因为人们可以找到更多推崇爱因斯坦的物理学家,其中甚至有可能包括推崇过玻尔的那几位。

博士毕业之后的几乎所有工作中，都明显呈现出定性分析越来越多，定量计算越来越少的趋势。① 而无论矩阵力学还是波动力学，它们最大的特点是奠定了量子理论的数学框架。如果海森伯和薛定谔没有作出他们的发现，或许早晚会有其他人脱颖而出，但这“其他人”却几乎不可能会是玻尔。因为玻尔虽对当时的整个形势有广博而深入的了解，但以他那种偏向定性的研究风格，是极不可能得到像矩阵力学或波动力学那样具体的数学框架的。因此，上述引文有很大的水分。

除上述疑似“水货”的引文外，戈革还在讲述新量子力学的诞生时，援引了玻尔最忠实的学生，被泡利称为教皇（指玻尔）的唱诗童子的比利时物理学家罗森菲尔德（Léon Rosenfeld）的一段话：

> 玻尔观点的充分影响一直停留在他的为数很少但却很有才华的一群学生中间，这些弟子们在通过及时地发表自己的结果而使自己更广泛地为人所知方面确实比他们的老师干得更好。

戈革并且评论道：“这句颇有‘微言大义’味道的话确实是很值得我们玩味的。”引用这样的“微言”，其“值得玩味”的“大义”似乎也是要暗示玻尔本人若不是发表文章的速度太慢，是有可能亲自创立新量子力学的。而这——如我们刚才所分析的——恐怕只能算是“唱诗童子”所唱的圣歌，是对玻尔极大的高估。

四、关于对应原理

对应原理（也叫对应论证）是旧量子论时期玻尔的一个重要贡献。在矩阵力学出现后，玻尔曾表示：“量子力学的整个工具，可以看成是对包含在对应

① 当然，玻尔在酝酿论文的过程中还是会进行必要的计算或估算的，但其复杂度显然无法与创立量子力学所要求的相比。

原理中的那些倾向的一种精确表述。”玻恩也认为，对应原理是从经典力学通向量子力学的桥梁。但对于究竟什么是对应原理，文献中却存在着广泛误解。这一点，戈革先生曾反复指出过。

文献中对对应原理最常见的误解有这样几种：

（1）对应原理是指：量子数很大时，量子理论应过渡为经典理论。

（2）对应原理是指：普朗克常数趋于零时，量子理论应过渡为经典理论。

（3）对应原理是指：任何理论，在应用于经典理论可以适用的情形时，必须过渡为经典理论。

这些误解流传极广，几乎所有学过量子力学的人对上述表述都会有似曾相识的感觉。戈革曾在《尼耳斯·玻尔和他的对应原理》一文中列举了十类包含误解的文献，这其中包括了像派斯那样的物理学家撰写的文章。在我的藏书中也可以找到很多类似的误解，并且也都来自物理学家。比如美国物理学家玻姆（David Bohm）在其《量子理论》（*Quantum Theory*）一书中这样叙述对应原理：量子定律必须这样来选择，即在涉及众多量子的经典极限下，量子定律的平均结果应导致经典方程。又比如法国物理学家德斯帕那特（Bernard d'Espagnat）在《量子力学的概念基础》（*Conceptual Foundations of Quantum Mechanics*）一书中认为，对应原理指的是当量子不连续性可被视为无穷小时，量子理论与经典理论对可观测量的预言应当重合。这些说法大致对应于上述第一、二两种误解。德斯帕那特并且把他的同胞、法国物理学家梅西亚（Albert Messiah）也拉下了水，他说后者的经典教材《量子力学》（*Quantum Mechanics*）包含对应原理的一种“稍微不同的想法”，而那个“想法”其实乃是上述第一种误解。

一般来说，戈革在指出他人错误时所用的口气是很不客气的，虽不能与如今互联网上的笔战风格相比，却也颇为尖锐。这一点在评述有关对应原理的误解时也不例外。不过值得一提的是，戈革在批评误解对应原理的人时，对误解者作了区分，将物理学家单独列为一类。他认为物理学家的兴趣不在于回顾过去，在历史问题上的误解最可同情和原谅。能作出这种区分，是难能可贵的，因为很多搞冷门研究的人，喜欢拿一些自己擅长的犄角旮旯的东西来抨击别人，通过别人（尤其是名人）在少数冷门内容上的疏失，来对他们进行语气夸张的否定，却全然不顾那些东西在别人的论述中是细枝末节还是核心主题。而戈革既指出了问题，又不夸大问题，意识到同样的问题对不同的人或在不同的作品中，其重要性是不同的，有些——比如随口提到对应原理的量子力学教材——是出现在蛇足上，有些——比如专论对应原理的科学哲学或科学史作品——则是出现在七寸上。他的批评更多的是针对后者，这是一种比较清醒的史学视角。

那么究竟什么是对应原理呢？戈革给出的表述是这样的：

对应原理是指：对于从定态 n' 到 n 的跃迁：

(1) 当 n 与 n' 都是大数，且都比 $n'-n$ 大得多时，跃迁辐射的频率与相应轨道的经典绕转频率的某个倍频（或者说与一个经典泛频）基本重合。特别是，当 n' 与 n 为相邻定态时，跃迁辐射的频率基本等于相应轨道的经典绕转频率。

(2) 在上述大量子数极限情形下，跃迁几率正比于相应泛频所对应的经典振幅的平方。

(3) 上述规律不仅适用于单周期体系，并且也适用于多周期体系。

(4) 上述规律不仅在大量子数极限下成立，而且或许在任意量子数下也成立。

与之相比，包括前面所提文献在内的多数文献的表述至多只包含了上述含义的前三条，有的甚至只包含了第一条——这一条在玻尔 1913 年的原始论文中曾被用到过，这可能是那些文献将之误解为对应原理的原因。但玻尔从未将上述第一条或前三条单独称为对应原理，相反，他曾对罗森菲尔德表示："那不是对应论证。对于低频振模来说量子理论应该变成经典描述，这样的要求根本不是一条原理。它只是对理论的一种显然的要求。"因此，对应原理的真正关键实际上是在被多数文献所忽略的第四条上。正是因为有这一条，玻尔才可以表示"量子力学的整个工具，可以看成是对包含在对应原理中的那些倾向的一种精确表述”。否则的话，对应原理变成了只针对大量子数极限，它的“精确表述”又岂能成为“量子力学的整个工具”？

但是，戈革对上述第四条的表述却并不正确。因为如果那个表述正确的话，整个原子光谱理论除定态条件外，就完全变成经典物理了，这显然是不可能的。因此，由对应原理的前三条所表述的规律，事实上还真的“仅在大量子数极限下成立”，在任意量子数下是不成立的。这一点玻尔早在 1918 年首次正式表述对应原理时就已意识到了。① 因此戈革对这一条的表述（这里所选的已是戈革文章中最谨慎的表述，因为其中包含了“或许”二字，他在其他文章中采用的均是肯定语气）不仅低估了玻尔当时的知识，不同于玻尔原始论文的表述，而且从物理上讲也是不成立的。

那么究竟什么才是玻尔当时的知识，以及他本人的表述呢？我在这里引述一下，以供对历史感兴趣的读者参考，也作为对戈革先生文章的补充。玻尔的表述是这样的（该表述来自玻尔 1918 年初次表述对应原理的论文《论线光谱的量子论》，重点是我加的）：

> 没有关于定态间跃迁机制的详细理论，我们**当然不能普遍地得到**两个这种定态之间自发跃迁几率的严格确定法，除非各个 n 是一些大数。……对于并不是很大的那些 n 值，在一个给定跃迁的几率和两个定态中粒子位移表示式中的傅里叶系数值之间也必定存在**一种密切的联系**。

在这里，玻尔明确表示，在一般情形下“当然不能普遍地得到”跃迁几率的严格确定法，在这点上连“或许”这样的含糊度都是不存在的。关于跃迁几率与相应泛频所对应的经典振幅的关系，他只表示存在“一种密切的联系”。而对于将跃迁几率视为正比于经典振幅平方的这种估算方法，他在同一篇论文中明确表示：“各个 n 值越小，这种估计**当然就越不准确**”，在这里，他同样没

---

① 那时玻尔还不曾采用“对应原理”这一名称，后者是从 1920 年起才使用的。

有提出或认可哪怕是“或许”意义下的普遍规律。在后来的文章中，玻尔反复强调了这种普遍联系的**不存在性**，比如在1921年第三届索尔维会议（Solvay conference）的发言稿中，他表示在“跃迁的几率和运动之间得到一种简单直接的定量联系的可能性”已经被“很自然地排除了”。因此戈革对上述第四条的表述无疑是不准确的。

对应原理对今天学物理的学生已无重要性，我就不再多写了。① 有读者可能会问：既然玻尔并未提出小量子数情形下跃迁几率与经典振幅之间普遍而定量的关联，对应原理在旧量子论中为何还如此有用，以至于玻尔和玻恩对它作出了如此高的评价？这是因为，对应原理虽未能给出计算跃迁几率的普遍方法，但玻尔所说的跃迁几率与经典振幅之间的“密切的联系”包含了一些重要的定性对应，比如可以通过对经典振幅的分析确定量子跃迁为零的情形。这样他就可以导出量子跃迁的选择定则（selection rule），以及跃迁辐射的偏振性质，而这些在旧量子论时期具有极大的重要性。

五、关于互补原理

互补原理（玻尔本人通常称其为“互补性”或“互补关系”）是玻尔在1927年召开的科摩（Como）会议上提出的。它被认为是量子力学哥本哈根诠释的核心，同时也是玻尔对哲学的重大贡献。对于这一原理，很多人给予了很高的评价，也渲染了它的轰动性。比如传记作家穆尔（Ruth Moore）在其流传广泛、但本质上是外行手笔的玻尔传记中，称互补原理在科摩会议上的提出“像西北风有时搅动往常很平静的科摩湖面一样搅动了会场”。戈革先生则表示：玻尔的互补原理及由此产生的互补哲学“在学术思想界引起了轩然大波，发生了难以估计的影响”，“其影响之深远甚至远远不是相对论的影响所能比拟的”。

---

① 考虑到对应原理原始定义之过时，现代误解之广泛，不排除人们将错就错，把误解吸纳为约定成俗的新定义的可能性。

就连一向谦逊的玻尔本人，对互补原理也作出过相当夸张的评价。在其有生之年，玻尔曾致力于将互补性观念推广到物理学的其他分支（比如热力学），自然科学的其他领域（比如化学、生物），甚至社会科学（比如人类学、社会学、政治学）等。他曾表示，他的互补哲学能使人们的思想更加开朗，使人类的关系更加和谐，可以代替宗教，将来甚至在中小学里都会被讲授。

互补原理果真有那么重要吗？在我看来答案是否定的。起码，物理学上几乎没有任何重大进展曾经显著地得益于这一原理。这一点甚至连玻尔本人的工作也不例外。互补原理提出后，玻尔本人在物理学上最主要的工作有两项：一项是对电磁场的可测量性进行研究，它源于苏联物理学家朗道（Lev Landau）与德裔英国物理学家派尔斯（Rudolf Peierls）1931 年的一些想法。另一项则是提出了原子核的液滴模型，它为早期的核裂变研究提供了帮助。这两项研究都不曾在实质意义上依赖过互补原理，虽然玻尔曾用互补原理对其中第一项研究作了一些包装。①

不过，考虑到互补原理已被泛用到了非常宽广的领域，而且它作为哥本哈根诠释的核心，被很多人认为是理解量子力学所必需的，因此从正面论述互补原理的**不重要性**将是困难和容易引发争议的。本节不拟作这样的“强攻”，而只打算从一个非常特殊的角度出发来进行一些探讨。这个角度就是：**究竟有多少人真正懂得互补原理**？之所以选择这样一个角度，是因为无论我们将互补性视为哥本哈根诠释的核心，还是适用面宽广的哲学，要想确认它的重要性，确认它对后世的影响，首先应该确认它已被很多人所理解。这“很多人”虽然无需多到像玻尔所期望的那样包括未来的中小学生，起码应该包括相当比例的物理学家，以及视互补原理为研究对象的专业人士。反过来说，如果连那些人都未能理解互补原理，那么人们围绕这一原理所作的广泛探讨，就很可能

① 玻尔有关电磁场量可测量性的研究发表于 1933 年，是与罗森菲尔德合作的。玻尔的这项研究是他中后期罕见的一项涉及大量数学计算的研究，但其中的数学计算大都是由罗森菲尔德完成的。

是人云亦云、以讹传讹，甚至有可能是“挂着羊头卖狗肉”。**一个不能被他人真正理解的观念，是很难称得上对后世有真正的影响力或重要性的。而一个物理理论的诠释，如果能理解它的人比能掌握该理论的人少得太多，其意义也是值得商榷的。**

我们先来看看互补原理在科摩会议上的反响。依据当时的会议记录及物理学家们的事后回忆，我们可以确认，穆尔所述的互补原理像西北风搅动科摩湖面一样搅动会场并不是事实。玻尔的演讲结束后，玻恩、克拉默斯(Hendrik Anthony Kramers)、海森伯、费米(Enrico Fermi)及泡利等人参与了例行讨论，但那些讨论并未涉及玻尔所强调的任何重点。事实上，就连互补原理后来最热心的传播者罗森菲尔德也表示自己当时看不出、也感觉不到演讲中的任何微妙之处。与会者之一的匈牙利裔美国物理学家维格纳(Eugene Wigner)很好地总结了互补原理对会场的真正影响：“这篇演讲不会使我们中的任何人改变自己关于量子力学的见解”。

那么，互补原理是如何从一个几乎无人在意的灰姑娘，转变成一个让人耀眼生花的小公主呢？我个人认为，这与爱因斯坦对量子力学的诘难有很大关系。爱因斯坦的诘难在无形中给了玻尔一个像“焦点访谈”一样的重要舞台，使他能够在众人的关注之下反复重述那些此前曾被忽视的观点。由玻尔出面对爱因斯坦进行回击这一事实，以及回击过程所具有的令人回味的戏剧性，使玻尔的观点逐渐成为正统，并得到越来越多的物理学家起码是名义上的认同。①

但这种数量上的繁荣，却并不意味着有越来越多的人开始**懂得**了互补原理。相反，我们发现即便在互补原理的核心支持者中，对这一原理的表述也存在很大的出入。甚至连玻尔本人的论述也存在显著的易变性。这一点对于熟

---

① 需要指出的是，除了后文会提到的EPR争论外，玻尔对爱因斯坦其他几次诘难的回复对互补原理并无实质依赖。另外值得一提的是，爱因斯坦对量子力学的诘难，以及玻尔挺身而出所作的回复，不仅有助于确立玻尔观点的正统性，而且在很多人心中树立了他与爱因斯坦双雄并立的印象，对于奠定玻尔在量子力学史上的领袖地位也有一定助益。

悉玻尔的人来说是并不陌生的。几乎所有当过玻尔助手，帮他记录过文稿的物理学家都有一个共同体会，那就是玻尔的文章大都会一改再改，而且修改的过程不一定收敛。很多文章的最后定稿并非是由于玻尔觉得满意了，而是因为交稿的时间已到，才不得不"悬崖勒马"。玻尔的科摩演讲稿就是一个典型的例子，据帮他记录文稿的克莱因回忆，文稿的准备从4月初就开始了（科摩会议是9月份召开的），每天都由玻尔口授，克莱因记录，但"到了第二天，他所口授的又全部作废"，于是一切又从头开始，"就这样度过了整个的夏天"。这样的过程有点像张三丰给张无忌演示太极剑法——两次演示的是全然不同的剑招。可惜玻尔不是张三丰，他的读者也不是张无忌。玻尔对互补原理文稿的修改甚至在科摩会议之后仍进行了相当长的时间。由这样反复修改所得的文稿尽管精细得近乎晦涩，却仍无法完整地表达玻尔的意思。爱因斯坦就曾抱怨说："尽管花了很大的精力，我还是不能得出玻尔互补原理的确切表述。"

爱因斯坦不懂倒也罢了，他老人家本就不是量子力学阵营的。不幸的是，"革命队伍"的内部也出现了不和谐的声音。量子力学阵营少壮主力之一的狄拉克沉痛交待了自己的问题（那口气像是跟"敌人"学的）："我没有弄懂那些思想，尽管我曾经尽了最大的努力企图弄懂它们。"爱因斯坦和玻尔的共同好友，在两人的争论中毫无保留地支持玻尔的荷兰物理学家艾伦菲斯特（Paul Ehrenfest）也在给学生的信中诉苦说："又是玻尔那种可怕的咒语连篇，别人谁也没法总结。"爱因斯坦、狄拉克和艾伦菲斯特算是"主动自首"的。美国物理学家派斯可就没那样的觉悟了，他在自己撰写的玻尔传记中表示，对自己来说阅读玻尔的作品是并不困难的，因为自己拥有一个"不寻常的优势"，那就是曾经与玻尔本人谈论过互补性，并且"所用的小时不计其数"。派斯随后就对玻尔的互补性概念及其渊源进行了介绍和分析。限于篇幅，我就不重复他的文字了，但我要提一下戈革对派斯这番宏论的评价。简单地讲，戈革的评价中客气的部分是说派斯的分析"似是而非"，不客气的部分则斥之为"完全是胡扯"，戈革并且在"完全是胡扯"上加了着重号（相当于再踏上一只脚）。

对互补原理的另一类"理解"来自熟悉东方文化或对东方文化感兴趣的

人，这方面的代表人物是日本物理学家汤川秀树及美国物理学家惠勒（John Archibald Wheeler）。这两人都表示互补原理在东方是一种很自然的思想方法，不难接受。但同样熟悉东方文化并对东方文化感兴趣的戈革并不认同这种观点，认为他们既误解了互补原理，也误解了东方文化，至多只在很有限的意义下有道理。看来戈革在这方面的眼光是相当挑剔的。那么，在被奥格·玻尔视为也许能当互补原理"亚圣"的戈革先生眼里，除玻尔本人外，还有没有真正懂得互补原理的人呢？有，但似乎只有一位，那就是"教皇的唱诗童子"罗森菲尔德。在戈革看来，罗森菲尔德才是互补原理的"亚圣"。但罗森菲尔德的"亚圣"位置却也并非众望所归，比如奥格·玻尔就反复表示过反对，他认为罗森菲尔德太教条，而且太自以为是。

说来说去，我们还漏掉了两个重要人物，那就是海森伯和泡利。这两人都是哥本哈根学派的核心成员，他们很早就接触到玻尔的观点，并且很早就成为互补原理的支持者。① 在这两人中，我暂未能找到泡利有关互补原理的表述（泡利是一位哲学味较淡的物理学家），因此无法评论。但海森伯曾在《物理学和哲学》（*Physics and Philosophy*）等著作中对互补原理作出过自己的表述。从他的表述来看，他对互补原理的理解与玻尔存在不小的差异。在玻尔眼里，互补原理是对量子力学作自洽理解的基础，海森伯却反其道而行之，把由互补原理所描述的局面的自洽性归因于量子力学数学体系的自洽性，从而极大地弱化了互补原理的地位。另一方面，罗森菲尔德曾表示互补原理与唯物主义的辩证法颇有互通之处（戈革对此不无微辞），但他却把海森伯归为唯心论者。因此，海森伯究竟在多大程度上皈依互补原理，是一个值得存疑的问题。说到海森伯，顺便也提一下他的学生魏茨泽克（Carl Friedrich von Weizsäcker）。

---

① 海森伯与玻尔曾存在过重大的观点分歧，经过长时间筋疲力尽的讨论后，海森伯终于表示接受玻尔的观点。泡利对互补原理的接受在总体上从未反复，只在细节上有过轻微的波折。1928 年 1 月，当泡利得知玻尔在互补原理的表述上换了一份文稿后，曾表示"您换了一份底稿也使我实在高兴。事实上，在过了一段时间以后，我对旧稿并不特别喜欢了"。

这位有“量子神学家”之称的德国物理学家在玻尔 70 周年寿辰前仔细研读了玻尔有关互补原理的论述，并自信已理解了它的真义，但当他征求玻尔的看法时，玻尔却毫不含糊地给了他一个否定的答复。

以上我们讨论了几位主要的、与玻尔有过直接接触的物理学家对互补原理的理解(确切地说是不理解)。信奉互补原理的物理学家当然远不止我们提到的那几位，可惜多数人从未对互补原理作出过自己的表述，因此我们无法评论。不过，假如那些与玻尔有过直接接触甚至反复讨论的物理学家都不能真正理解互补原理，后世那些只能从有可能词不达意的文字叙述中学习互补原理的人无疑只会更不容易理解它。此外，还有一点也许是很多人的共同观感，那就是绝大多数后世物理学家对量子力学的态度接近于美国物理学家费恩曼(Richard Feynman)的一个观点，那就是量子力学的核心之谜是无法通过任何“诠释”而得到真正澄清的，我们所能表述的只是量子力学是如何工作的。换句话说，经过了这么多年思考和运用，越来越多的物理学家已经意识到：**这世界是一个量子世界，量子力学本身就是对这一世界最清晰的表述**。今天学物理的学生如果回过头去阅读玻尔等人有关互补原理的原始论文，很可能非但不会觉得豁然开朗，反而会感到更大的困惑。而今天仍在研究量子力学诠释的人，他们走的也早已不是玻尔当年那种思辨性的老路，而是诸如退相干之类与量子力学数学体系的关系密切得多的途径。①

在本节的最后，我也评述一下那种认为玻尔的互补原理是对哲学的重大贡献的观点。按照与上文同样的思路，我认为互补原理对哲学的发展也无重大贡献。理由很简单：物理学家尚且很难理解玻尔互补原理的确切含义，哲学家就更没希望了。尽管哲学文献中已出现了大量讨论或引申互补原理的文章，但那些文章大都只是人云亦云或以讹传讹。玻尔曾明确表示：“我可以很

① 值得一提的是，罗森菲尔德对互补原理的支持似乎是比较极端的，甚至曾反对将互补原理仅仅视为量子力学的诠释，而认为互补原理是量子力学不可分割的一部分。按照他的这个看法，互补原理提出之后量子力学的诠释问题已不复存在，后世在这方面的研究全都是在研究伪问题。看来奥格·玻尔批评罗森菲尔德太教条、太自以为是是很有道理的。

合理地说，没有任何一个被称为哲学家的人真正懂得互补描述是什么意思。”玻尔被很多人视为是极富哲学气质的物理学家，但他晚年对哲学却殊少敬意。他曾在旁听完一个哲学讲座后作出了相当罕见的尖锐批评：“哲学家们所说的一切都是纯粹的胡扯。”

当然，我们无意仅凭玻尔的一两句话就否定哲学家的研究，为了看看他们到底研究了什么，我们来举一些例子。我们知道，给哲学思想贴标签是哲学家们热衷的事情之一。在有关互补原理的哲学研究中，有一大类是在讨论玻尔互补性思想的起源。较新的考察表明，几乎所有此类“研究”都是捕风捉影和牵强附会的。以最主流的研究者为例，著名的以色列科学哲学兼科学史学家雅默(Max Jammer)曾凭借丹麦神学家克尔凯郭尔(Søren Kierkegaard)在其神学著作中谈到人生态度时用过的“飞跃”一词，就极富想象力地将之与玻尔所研究的定态间的“跃迁”联系起来，认为玻尔的思想曾受其影响。他的这种看法遭到了罗森菲尔德的批评。雅默在后来的著作中放弃了这一观点，但互补原理的“克尔凯郭尔”标签却不胫而走，被其他研究者所“吸收”，并得到了广泛的流传，这其中包括著名的美国科学哲学家霍尔顿(Gerald Holton)。同样还是雅默，又提出玻尔的互补性思想曾受到美国哲学兼心理学家詹姆士(William James)的《心理学原理》(*The Principles of Psychology*)的显著影响。可惜后来的研究给出了很强的证据，表明玻尔直到1935—1936年间才读到过詹姆士的那部著作，此时互补原理早已问世多年。类似地，玻尔在大学时的哲学教授霍夫丁(Harald Høffding)也被想当然地视为对玻尔互补性思想的提出有过实质影响。支持这一观点的研究者不仅夸大了玻尔与霍夫丁学术交往的程度及频度，将霍夫丁夸张成玻尔的“唯一哲学导师”，有人甚至还将信奉严格因果律的霍夫丁贴上反因果律的标签，以便与玻尔对因果律的放弃建立联系。至于有关互补原理的其他形形色色的哲学研究，以及将宗教与科学视为“互补”之类更等而下之的东西，我们就不再评述了。

综上所述，我认为玻尔互补原理的重要性被早期的物理学家及后来的哲学或史学家们显著夸大了——当然，上面的论述算不上是决定性的。但我想它们能说明,互补原理无论对于物理学还是哲学,其重要性起码都是有理由存疑的。①

六、 关于 EPR 争论

史学家在阐述历史的时候,通常采用旁观者的视角,所评论或辨析的则通常只是史料或对史料的分析。但戈革先生在介绍玻尔与爱因斯坦的 EPR 争论时,却出现了一个引人注目的例外:他不仅对历史,而且对爱因斯坦等人的观点本身进行了评述。在 1985 年发表的"关于尼耳斯·玻尔思想的几点历史考察"一文中,他这样写道:

> 我认为,1935 年的 EPR 论文,在出发点上存在相当大的问题。作者们的前提不但在某种程度上自相矛盾,而且大大违反了"竞赛规则"。

戈革随后举出了 EPR 论文中的"实在性判据",即:

> 如果在不以任何方式扰动一个体系的条件下,我们能够确切地(即以等于 1 的几率)预言一个物理量的值,则存在物理实在的一个要素和该物理量相对应。

戈革表示:"这样一个判据,事先就把量子力学'否定掉了一半'",因为"按照玻尔的看法,'不以任何方式扰动一个体系',一般地就意味着完全不能对体系作出任何预言",而且"'确切地(即以等于 1 的几率)'作出预言则更加意味着从一开始就一般地或在原理上排除了量子力学的几率诠释"。戈革并

① 最后补充一点:有关互补原理的诸多误解之一,就是把量子力学对传统观念的几乎所有冲击都归结于这一原理。其实,如果玻尔没有提出互补原理,量子力学对传统观念的冲击并不会减弱。一个很好的例子就是爱因斯坦,他从未搞懂过互补原理,但却依然感到量子力学深深冲击了他的观念(他的这种感觉早在互补原理提出之前就有了),从而一再提出诘难(他的诘难没有一个是直接针对互补原理的)。

且认为，玻尔在 EPR 论文问世八年之前的科摩演讲中的一段话：

> 量子公设意味着，对原子现象的任何观察，都将涉及一种不可忽略的和观察仪器之间的相互作用，因此，就既不能赋予现象也不能赋予观察仪器以一种通常物理意义下的独立实在性了。

实际上已预先对 EPR 论文作出了回复。而 EPR 论文的逻辑，则等于是“一开始就假设人家是错误的”。戈革的这一观点在他的其他文章中也曾提到过。

显然，如果戈革的上述评论成立，即如果 EPR 论文违反了“竞赛规则”，“一开始就假设人家是错误的”，并且玻尔早在八年前就已实际上回复了 EPR 论文，那么不仅爱因斯坦等人的论文沦为了不值一驳的低级错误，连玻尔的眼力也成了问题。因为玻尔面对违反竞赛规则这样的巨大破绽，居然没将对方“一剑封喉”，却花了好几个月的时间来酝酿回复。据罗森菲尔德回忆：EPR 论文的“突然袭击像一个晴天霹雳一样打到了我们头上，它对玻尔的影响是显而易见的”，“玻尔一听到爱因斯坦的论述，就把其他所有事情都搁下了”，然后就是“一天又一天，一周又一周”的仔细分析，直至完成回复为止。爱因斯坦等人的倾力出击，玻尔的细腻回复，果真是忽略了一个低级错误吗？我们在这里分析一下。

首先要指出的是：戈革提到的“‘确切地(即以等于 1 的几率)’作出预言”意味着“一般地或在原理上排除了量子力学的几率诠释”显然是不正确的。量子力学的几率诠释并不排除几率等于 1 的特殊情形(感兴趣的读者不妨举出一些量子力学涉及几率 1 的例子)。不过，这一点在戈革的论述中并非核心，我们只是略提一笔。戈革观点的真正核心，在于他认为 EPR 的实在性论据等于直接否定了玻尔反复阐述过的不以任何方式扰动一个体系，就完全不能对体系作出任何预言的观点，从而等于是一开始就假定玻尔错了。在辩论中如果一方一开始就假定对方错了，后面的论述岂非变得不必要了？

为了搞清楚 EPR 的实在性判据是否真的等于直接否定了玻尔的观点，我们必须引述 EPR 论文中戈革先生没有引述的一段话，这段话其实就紧挨在实在性判据的后面(重点是我加的)：

> 这一判据**尽管远不能穷尽判定物理实在的所有可能方式**，但一旦它所要求的条件成立，它起码向我们提供了**一种**这样的方式。**不将其视为必要，而只视为充分**，这一判据是与经典及量子的实在观念相符合的。

这段话清楚地表明，EPR 论文并未将他们的实在性判据视为唯一判据，而只是表示，**假如**该判据所要求的条件——即在不以任何方式扰动一个体系的条件下，我们能够确切地预言一个物理量的值——成立，那么存在物理实在的一个要素与该物理量相对应。EPR 论文明确表示，并非**只有**在那样的条件下，才能定义物理实在。因此他们的实在性判据并不排斥玻尔的观点，而只是试图在那种观点之外补充一种可能性。相反，如果我们把玻尔的观点理解为 EPR 论文所涉及的那种补充的可能性连探讨都不能探讨，那倒反而是违背“竞赛规则”的，因为那等于一开始就假定只有玻尔才是对的。幸好，EPR 论文的作者与玻尔都很懂规则，在辩论中均未做出“违规”的事情。EPR 论文的重点，在于试图构造一个能满足他们提出的实在性判据的测量过程，而玻尔的反驳，则意在说明被 EPR 论文以为是满足他们要求的测量过程，其实依然包含了“扰动”，从而不能被视为是满足要求的。

有关 EPR 争论，还有一个非常重要的地方需要提一下，那就是 EPR 论述作为爱因斯坦-玻尔论战的最后一轮，虽仍不曾战胜玻尔，却击中了玻尔在此前宣讲互补性时的一个盲区。那个盲区恰恰体现在戈革引述的玻尔科摩演讲的那段话里。在那段话里，玻尔强调了互补性的根源在于“对原子现象的任何观察，都将涉及一种不可忽略的和观察仪器之间的相互作用”。而在对 EPR 的回复中，玻尔写道(重点是原文就有的)：

> 当然，在刚刚考虑的这一类事例中，在测量程序的最后关键阶段是谈不上对所考虑体系的机械干扰的。但是，即使在这一阶段中，也

还在本质上存在**对一些条件的影响问题，那些条件确定着有关体系未来行为的预言类型**。

在这里，玻尔事实上被迫作出了一次退让，引进了所谓“对一些条件的影响”这样一种纯概念性或信息性的“干扰”。这一退让虽不至于让他的观点失去自洽性，却大大削弱了它的力度。因为玻尔原本仰仗的干扰——虽不曾明说——实际上正是“机械干扰”，它与海森伯的不确定原理或作用量子的有限性一脉相承，在量子力学范围内有比较坚实的理论背景。而一旦被迫引进了所谓“对一些条件的影响”，就部分地陷入到了哲学的甚至语义的纠缠之中。① 后来研究量子力学基础的很多物理学家都注意到了玻尔的这一退让。被迫作出这一退让，有可能正是罗森菲尔德所描述的EPR论文“像一个晴天霹雳一样打到了我们头上”的原因。EPR论证虽未能战胜玻尔，但它击碎了笼罩在玻尔互补性论述中受不确定原理或作用量子的有限性所保护的“机械干扰”这一硬壳，从而为20世纪60年代之后人们对量子力学其他诠释的研究作出了铺垫。

在结束本节前，我愿再补充几句与互补原理及EPR争论有关的评论。玻尔对EPR论文的回复无疑是借助了他的互补性观点。但有意思的是，爱因斯坦曾回忆说他们的论文发表后，很多人给他写了信，人人都说他错了，但每个人提出的理由都是不一样的。在玻尔出面回复前，海森伯也曾着手撰写了回复，他的回复并未发表，但在给泡利的信中海森伯表示他的回复与玻尔是不同的。② 我想这是又一个例子，它说明即便像海森伯这样公认的哥本哈根学派的核心成员，在实际思考问题——哪怕是思考一个互补原理可以插足的问题——时，也很少能按玻尔的互补原理出牌。至于玻尔对EPR论文的回复发表之后的情形，英国皇后大学(Queen's University)的量子力学研究者惠塔克

---

① 在玻尔引进这种“对一些条件的影响”之后，EPR的实在性判据倒的确可以被认为——从玻尔的新立场看——是“直接否定了玻尔的观点”，只不过这时的冲突乃是玻尔修改立场所导致的，从而谈不上是违反“竞赛规则”。

② 海森保的文稿后来被收录于他与泡利的通信集中，可惜他们的通信集似乎没有英译本。

(Andrew Whitaker)有一段评论,我在这里引述一下。惠塔克提到玻尔的回复发表之后,绝大多数物理学家都支持了玻尔,不过:

> 不应该假定这些物理学家中的大多数曾经深入研读过玻尔的回复,甚至不能假定他们曾经读过。对他们来说,玻尔宣布找到了爱因斯坦的错误就已经足够了。但是,等到物理学家们真的深入研读玻尔的回复时,他们的感觉常常会改变,这样的情况正在发生,而且很可能正在加速发生。因为自 20 世纪 60 年代开始,失去了干扰诠释(注:指被 EPR 论文击碎了的"机械干扰")后,玻尔的观点往往显得过于抽象,且语义重于物理。

惠塔克举出的一个重要例子就是爱尔兰物理学家贝尔(John Stewart Bell),他提出的贝尔不等式(Bell's inequality)虽导致了对量子力学有利的实验结果,但他公开表示自己并不理解玻尔的观点,这些我就不进一步叙述了。

最后我想指出的是,EPR 论文对物理学的实际影响远远超过了玻尔对 EPR 论文的回复,也远远超过了互补原理或互补哲学的影响。它不仅为后世对量子力学基础的研究作出了铺垫,而且直接间接地导致了贝尔不等式、量子纠缠(quantum entanglement)、量子信息、量子计算、量子密码等后续研究或新兴领域的出现。① 从这个意义上讲,EPR 论文非但不是一个低级错误,而且是一项影响深远的研究,那些影响甚至不是爱因斯坦本人所能梦想到的。

七、结语

这篇纪念戈革先生的文章到这里就要结束了。本文因为有一大半内容在评述戈革先生的观点中我认为值得商榷的部分,其中包括对许多有关玻尔的

---

① 需要指出的是,美国物理学家玻姆对 EPR 论述的简化对这些后续发展也有非常重要的贡献。

过誉之词的商榷。这种商榷有可能给人一个轻视玻尔的印象。其实我对玻尔是相当欣赏的，只不过欣赏玻尔的话戈革先生基本上都说了，而本文只讨论有异议的部分，从而体现不出我对玻尔的欣赏。套用一个玻尔的语式来说：我欣赏玻尔的部分，其实比人们想象的还要多。①

在结束本文的时候，我愿意引用戈革先生在口述自传《正直者的困境》的结尾中所说的一段话。那是他2004年参加一套丛书的发布仪式时，想说却因时间关系没来得及说的。那段话有些地方不太通顺，大概是因为他口述时身体已很虚弱的缘故。我把它与戈革先生在《尼耳斯·玻尔集》译后记中所写的内容相似的段落归并整理了一下，作为本文的结尾：

> 人们都认为这些书不会有读者，而且和现在的生活距离很远，但我想举一个例子。20世纪物理学家中有一个脾气最坏的苏联科学家，叫做朗道，他是个天才，但他总是故意惹人生气，对世界十分挑剔，甚至讨厌别人刮胡子。他一生周游世界，旅行的范围远远超过了一个普通苏联人的行动边界。朗道年轻时思想很"左倾"，看不起"资产阶级的知识分子"。据说有一次，他在某学术中心的图书室中闲逛时感到无聊，便随手从书架上抽下一本书来说："让我看看资产阶级的知识分子在讲些什么。"他开始看那本书，据说那是拉普拉斯论文集中的一卷。他看着看着，脸上那种轻蔑的微笑消失了。又过了一会，他找了个位子坐下来，埋头读起那本书来，狂躁的朗道完全投入到了书中的世界里……这个故事给我留下了深刻的印象。我常常幻想，不知在我死后的若干年中，我的译本能否遇到朗道这样的知音人。这真是一种十分可笑而又可怜的想法。但我想，即使最终也没有人去读它，它存在那里，就已经改变了中国。

最后，我愿向戈革先生表达一个后辈最由衷的敬意及谢意。在具体的史

① 这是套用玻尔的一个有名的句式："我们赞同的比你想象的还要多得多(We agree much more than you think)。"

学问题上人们或许各有见解,但史学文献却是共同并且永久的财富。感谢戈革先生用一生的辛勤笔耕,为中国科学史学界提供了如此丰富的文献。

愿戈革先生安息!

参考文献

[1] 戈革. 史情室文帚(上、下)[M]. 北京:中国工人出版社,1999.

[2] 戈革. 红莩论猫[M]. 2001.

[3] 戈革. 关于书房[M]. 见董宁文. 我的书房. 长沙:岳麓书院,2005.

[4] 戈革.《尼耳斯・玻尔集》译后记[J]. 科学文化评论,2007,5.

[5] 戈革口述. 邹波,李翔整理. 正直者的困境,2006.

[6] 玻尔. 尼耳斯・玻尔哲学文选[M]. 戈革,译. 北京:商务印书馆,1999.

[7] 玻尔. 尼耳斯・玻尔集(第三卷)[M]. 戈革,译. 北京:科学出版社,1990.

[8] 玻尔. 尼耳斯・玻尔集(第六卷)[M]. 戈革,译. 北京:科学出版社,1991.

[9] 玻尔. 尼耳斯・玻尔集(第七卷)[M]. 戈革,译. 北京:科学出版社,1998.

[10] 派斯. 尼耳斯・玻尔传[M]. 戈革,译. 北京:商务印书馆,2000.

[11] 否尔霍耳特. 尼耳斯・玻尔的哲学背景[M]. 戈革,译. 北京:科学出版社,1993.

[12] 玻姆. 量子理论[M]. 侯德彭,译. 北京:商务印书馆,1982.

[13] 雅默. 量子力学的哲学[M]. 秦克诚,译. 北京:商务印书馆,1989.

[14] 卡西第. 海森伯传[M]. 戈革,译. 北京:商务印书馆,2002.

[15] A hero of history of science: Niels Bohr's Chinese translator[J]. AIP History Newsletter, 2001, XXXIII(2).

[16] Bohr N. Phys. Rev., 1935, 48: 696.

[17] d'Espagnat B. Conceptual Foundations of Quantum Mechanics[M]. New York: Perseus Books Publishing, LLC., 1999.

[18] Einstein A, Podolsky B, and Rosen N. Phys. Rev, 1935, 47: 777.

[19] Feynman R. The Feynman Lectures on Physics (Vol Ⅲ)[M]. Boston: Addison-Wesley Publishing Company, 1965.

[20] Heisenberg W. Physics and Philosophy[M]. New York：Harper Perennial Modern Classics，2007.

[21] Waerden B L. Sources of Quantum Mechanics[M]. New York：Dover Publications，Inc. 1968.

[22] Whitaker A. Einstein，Bohr and the Quantum Dilemma [M]. Cambridge：Cambridge University Press，2006.

二零零八年五月四日写于纽约

二零一三年十月二十六日最新修订

玻尔的错误[①]

一、引言

我曾经翻译过美国物理学家温伯格(Steven Weinberg,1933—　)的一篇文章,标题是《爱因斯坦的错误》(*Einstein's Mistake*)。对于喜爱物理学史的读者来说,那篇文章列举的错误也许都是"熟面孔",因为"爱因斯坦的错误"是一个很吸引人的话题,很多人都谈论过。从某种意义上讲,判断一位科学家是否伟大的一个另类但很管用的指标,就是看他(她)是否连所犯的错误都能吸引人们持久而广泛的兴趣。如果是,那就几乎可以断定为是伟大的科学家。在20世纪的物理学家中,爱因斯坦(Albert Einstein,1879—1955年)无疑是那样的人物,这是对他"首席物理学家"地位的很好的佐证。

读者也许会问,温伯格列举的爱因斯坦的错误既然都是"熟面孔",我为什么还要翻译呢?答案之一是温伯格在介绍那些错误之余还阐述了一些值得回味的观点。这种观点的一个例子,是他所说的"领袖科学家所犯的错误往往比

---

① 本文曾发表于《现代物理知识》2013年第5期(中国科学院高能物理研究所)。

他们的成功更能让人洞察他们那个时代的精神与背景”。不过，假如我们把目光从“爱因斯坦的错误”这一热门话题上挪开，投向一个更开阔的视野，那么在我看来最能印证这句话的与其说是爱因斯坦的错误，不如说是另一位领袖科学家玻尔（Niels Bohr，1885—1962 年）的错误。因为爱因斯坦的错误大都具有个人色彩，而且当他犯下某些错误时，他往往已处在“孤家寡人”的位置上，从而已不再是能让人洞察“那个时代的精神与背景”的最好例子。而玻尔的错误虽然远不如爱因斯坦的错误那样出名，甚至可以说是冷僻话题，但他在犯错时却是比爱因斯坦更具“那个时代的精神与背景”的领袖科学家，他的错误也因此要比爱因斯坦的错误更能让人洞察“那个时代的精神与背景”。

丹麦物理学家玻尔

本文就来谈谈“玻尔的错误”这一冷僻话题。对于玻尔的粉丝来说，最好能从上文所述的另类指标的角度来解读本文，即本文与其说是在揭玻尔之短，不如说是在往玻尔作为伟大科学家的那个另类指标上添加砝码。

玻尔究竟犯过多少错误？似乎没有人罗列过，不过可以肯定的是，他犯错的数量与类型都远不如爱因斯坦那样“丰富多彩”。当然，这与其说是他在避免犯错方面比爱因斯坦更高明，不如说是因为他的研究领域远不如爱因斯坦的宽广，从而犯错的土壤远不如爱因斯坦的肥沃。在玻尔所犯的错误中，值得介绍的在我看来只有一个，那就是他对能量动量守恒的放弃。这个错误他几乎坚持了十年，且在两个独立情形下犯过，是他所犯错误中最显著，并且也最能让人洞察“那个时代的精神与背景”的。

二、 玻尔的第一次错误：BKS 理论

说起来有些出人意料，玻尔作为量子论的著名先驱，对开启了量子时代的“光量子”概念却长期抱有比较暧昧的态度，那态度说成是“拒绝”可能有些夸张，说成是“不热衷”则可能还不够分量，恰当的说法也许是“消极”吧，即“能不用就不用”，甚至不惜为不用而付出一定的代价。① 他的这种态度几乎一直维持到了旧量子论时期的终结。有人也许会把这种态度本身也视为错误，但平心而论，这种态度对于一位量子论先驱来说虽有些出人意料，在当时的情况下却算不上错误，因为当时的实验对光量子概念的支持尚未达到判决性的程度。不过玻尔的消极态度虽不是错误，他为这种态度所付出的代价却比绝大多数同时代人大得多，大到了变成错误的程度，因为他放弃了能量动量的守恒。

玻尔这一错误的出现时机很有戏剧性。喜欢物理学史的读者大都知道，对光量子概念的早期支持主要来自两组实验现象：较早的一组是光电效应(photoelectric effect)，是它促使爱因斯坦提出了光量子概念；较晚的一组则是康普顿效应(Compton effect)。玻尔因出于对光量子概念的消极态度而放弃能量动量的守恒，恰恰发生在美国物理学家康普顿(Arthur Compton，1892—1962 年)发现了康普顿效应之后，堪称是“顶风作案”。

当然，这“顶风作案”绝不是因为玻尔藐视实验，而是有具体的理由及机缘的。

那理由是：当康普顿发布他的实验结果时(1923 年)，他所观测到的现象

---

① 有读者可能会问：玻尔早在著名的“三部曲”(玻尔原子模型)中就引用了光量子的能量公式 $E=h\nu$，怎么能说是对光量子概念持消极态度呢？这是因为，玻尔虽然引用了 $E=h\nu$，却基本上是作为单纯的能量公式来运用的。他也用“量子”这一术语，却也基本上只是在“能量量子”的意义上使用的，而非像爱因斯坦那样引入具有粒子性的“光量子”概念。在他的“三部曲”中，电子跃迁所发射的是电磁波意义上的单频辐射，只是其能量由 $E=h\nu$ 给出而已。他在其他场合的一些论述及通信(其中有些在本文中将被引述)也佐证了这一点。

仅仅是X射线在被物质散射后，其波长（从而频率）发生了变化。这一结果虽然与经典电磁理论相矛盾，[①]而与光量子概念相一致——荷兰物理学家德拜（Peter Debye，1884—1966年）与康普顿本人都用光量子概念诠释了实验结果，却不足以对后者构成判决性的支持，即证实光量子本身的实在性。因为康普顿当时的实验还比较粗糙，无法对基元过程（即单个光量子与电子的相互作用）进行观测，从而只能在平均意义上证实光量子概念的效力。事实上，不仅康普顿效应如此，早期的光电效应也是如此，只能在平均意义上证实光量子概念的效力。正是这一美中不足给玻尔提供了“作案机会”。

当康普顿在美国取得那些进展时，身在欧洲但消息灵通的玻尔几乎第一时间就获悉了消息。1923年底，他亲自访问了美国，与康普顿等人进行了直接交流。1924年初，在给英国物理学家卢瑟福（Ernest Rutherford，1871—1937年）的信中，玻尔叙述了自己对美国之行的观感。那封信很清楚地显示出他对波动理论的青睐，以及对光量子观念的消极态度。他表示，康普顿的光量子诠释对于像他这样“视波动理论为信条的人”来说“简直是可怕的”。[②]

以上是理由，下面说说机缘。那机缘是：一位“带艺投师”的美国小伙子斯莱特（John C. Slater，1900—1976年）恰好于1923年底造访了玻尔的大本营哥本哈根。在那次访问中，他带来的一个有关辐射与物质相互作用的有趣想法引起了玻尔及其合作者荷兰物理学家克拉默斯（Hendrik Anthony Kramers，1894—1952年）的兴趣。三人很快就合写了一篇题为《辐射的量子理论》的论文。那篇论文所提出的理论后来被冠以三人的姓氏首字母而称为了BKS理论（那论文本身则被称为了BKS论文）。正是那篇论文，记录了玻

---

① 经典电磁理论对电磁波散射的描述是：带电粒子（通常是电子）在入射电磁波的作用下发生受迫振荡，并因此而发射电磁波（即散射波）。按照这种描述，电磁波在被物质散射后，其频率（从而波长）是不会改变的。

② 有趣的是，同为光量子诠释，玻尔对光电效应的光量子诠释似乎从未作出过那样的评价，其原因在我看来是因为康普顿的光量子诠释更强调了基元过程，从而赋予了光量子概念更明确的实在性。当然，也不排除是因为康普顿当时对玻尔来说还只是Mr. Nobody。

尔的错误。

BKS 理论主要包含三个核心想法，分别来自三位作者。第一个想法是所谓的“虚辐射场”(virtual field of radiation)，它被认为是不同原子间的一种联系，并具有诱发量子跃迁的功能，这是斯莱特的贡献；第二个想法是放弃建立在光量子概念之上的不同原子对辐射的吸收与发射间的因果联系，这个表述得有些含糊的想法是克拉默斯的点子；第三个想法则是放弃基元过程中的能量动量守恒，而将之弱化为一个统计性的定律，这是玻尔的馊主意。玻尔提出这种馊主意的“作案动机”是什么呢？是想调和原子能级变化的不连续性与波动理论所要求的辐射能量变化的连续性之间的矛盾，归根到底，还是对光量子观念的消极态度在作祟。

在 BKS 理论的三大核心想法中，斯莱特的想法是核心中的核心，可以说，没有斯莱特对哥本哈根的造访，就不会有玻尔对这一理论的掺和，这是我们将之称为“机缘”的原因。但如果因此就把玻尔的错误归咎于斯莱特，则是对后者的明显不公。因为早在与斯莱特建立任何联系之前的 1919 年，玻尔就在与同事的通信中多次提到了放弃能量动量守恒的想法。事实上，玻尔将对能量动量守恒的放弃塞进 BKS 理论是斯莱特所反对的，在后者的原始想法中不仅没有放弃能量动量守恒，甚至还为光量子概念留出了位置，只是由于敌不过玻尔的滔滔雄辩才同意了玻尔的观点。后来当 BKS 理论被实验证伪后，玻尔向斯莱特表示了歉意，而斯莱特当时虽然客气地表示了不介意，时隔近四十年后(那时玻尔已经去世)却在接受访谈时表达了对玻尔的强烈不满，甚至用上了“我对玻尔先生不曾有过任何敬意，因为我在哥本哈根度过了一段可怕的日子”那样罕见的语气。不仅如此，BKS 论文的另一位作者克拉默斯一度也是反对玻尔对光量子的看法及对能量动量守恒的放弃的。可惜他也不是玻尔的对手，被后者日夜不停的辩论累垮，送进了病房，最终也同意了玻尔的观点。

三、 BKS 理论的放弃

BKS 理论的出炉引起了很多物理学家的关注。在玻尔的声望及雄辩能力影响下，很多人投了诚。比如不久之后将创立矩阵力学的海森伯（Werner Heisenberg，1901—1976 年）一开始虽持有怀疑立场，表示从这一理论中“看不到实质的进展”，但在访问了哥本哈根之后，却被玻尔“洗了脑”，自己投诚不算，还将玻尔的观点“布道”给了玻恩（Max Born，1882—1970 年）。玻恩在稍后给玻尔的信中介绍了“布道”的结果：“我愿意告诉您，我对您在辐射理论问题上的新做法感到多么高兴”，“虽然我只听了海森伯的口头简报，但我很相信您的新理论是正确的，并且从某种意义上讲是对这些问题的最终答案”。

不久之后将创立波动力学的薛定谔（Erwin Schrödinger，1887—1961 年）也表示了大体上的认同。他在给玻尔的信中不仅对其新近的观点“极其同情”，还表示自己长期以来对此类想法也一直很有兴趣。不过有意思的是，他随后顺着玻尔观点所作的分析却得到了诸如能量的不确定性，单一体系的不稳定性等推论，很像是在用归谬法反驳玻尔，以至于《尼耳斯·玻尔集》（*Niels Bohr Collected Works*）第五卷的主编斯陶耳岑堡（Klaus Stolzenburg）在介绍这段历史时干脆将薛定谔的观点称为是“热力学上的反驳”。考虑到薛定谔后来几乎是仅次于爱因斯坦的反哥本哈根的人物，他对玻尔观点的“极其同情”是真正的“爱心”，还是圆滑的“外交”，倒是有点难说了。

就连泡利（Wolfgang Pauli，1900—1958 年）这位素以思维犀利、批评尖刻著称，并享有“物理学的良心”及“上帝的鞭子”美誉的年轻高手也没能抵挡住玻尔的雄辩，在访问哥本哈根时步海森伯的后尘向玻尔投了诚。但泡利毕竟是泡利，不像海森伯和玻恩那么好糊弄，在离开哥本哈根后不久就幡然醒悟，在给玻尔的信中宣布：“您当时成功地堵住了我那强烈反对这一诠释的科学良心。但这只能持续一小段时间，……我今天又成为完全反对这一诠释的物理学家了……。”泡利的这一反对立场此后再无丝毫动摇，一直持续到 BKS 理论破产为止，以至于玻尔后来表示泡利“长期以来就是对我们的‘哥本哈根叛乱’不表同情的”。

连泡利都没能挡住玻尔的影响（虽然只是暂时的），可见玻尔的领袖科学家地位不是吹的。但玻尔的影响虽大，有一个人却自始至终都旗帜鲜明地反对 BKS 理论，这个人是谁呢？大家应该能猜到，是的，他就是玻尔的老对手、超级大腕爱因斯坦。他在获悉了 BKS 理论之后，在给玻恩的信中毫不含糊地表示了反对，并写下了一段后来很出名的话，那就是假如 BKS 那样的理论是正确的话，“我宁愿去当一个修鞋匠，甚至赌场的雇员，也不愿做物理学家”。爱因斯坦并且提出了很多具体的反对意见，泡利在离开了哥本哈根后之所以这么快就“反水”，除了他自己的思维犀利外，爱因斯坦的观点也起了一定的鼓舞作用（泡利在“反水”前曾与爱因斯坦讨论过 BKS 理论）。

最终对 BKS 理论构成重击的则是实验判决。这一判决来得很快，距离 BKS 论文的发表仅仅过了一个月左右，德国物理学家玻特（Walther Bothe，1891—1957 年）和盖革（Hans Geiger，1882—1945 年）就完成了一篇重要论文，对康普顿效应进行了细致研究，其初步结果对 BKS 理论很不利。次年（1925 年）4 月，他们又发布了改进的结果。与此同时，康普顿本人及其合作者也发布了更精密的研究结果。这些结果表明康普顿散射中反冲电子与散射光的出现存在明显的同时性及角度相关性，这是最初的康普顿实验因未能揭示而给玻尔等人以可乘之机的细节。这一细节与 BKS 理论是完全矛盾的，因为后者所预言的散射光的发射在时间及方向上都具有随机性，与反冲电子之间不存在显著的同时性及角度相关性。那些更精密的研究还直接证实了基元过程中的能量动量守恒，从而给玻尔的观点判下了死刑。

在无可辩驳的观测事实面前，玻尔终于投降了。1925 年 4 月 21 日，他在给英国物理学家福勒（Ralph H. Fowler，1889—1944 年）的信中承认“除了为我们的革命性努力举行一个尽可能光荣的葬礼外，已经没别的事情可做了”。在给德国物理学家弗兰克（James Franck，1882—1964 年）的信中，他则不无伤感地表示“此刻我觉得很不幸，而且不知如何是好。我只想向你引述瑞利勋爵的话‘某些最了解我的人认为我应该比现在更自信，也许他们是对的’”。该信的落款是“您的不幸的玻尔”。

四、玻尔的第二次错误：科学革命综合症

玻尔的第一次错误就这样“游戏结束”了。对于这次错误，美国物理学家派斯（Abraham Pais，1918—2000 年）有一个评价，那就是“它比任何别的贡献更好地显示了最好的物理学家所体验到的那种紧张和混乱”。从这个评价上看，它确实很能让人洞察“那个时代的精神与背景”。不过它的这一功能与玻尔的第二次错误相比还是要逊色一筹。

玻尔第二次错误的类型很多人也许都不会想到，因为那居然是重犯——第一次错误的重犯。这种重犯的情形发生在像玻尔这样的大物理学家身上是有值得探究的原因的。

20 世纪前半叶物理学史的最突出特点无疑是发生了科学革命——相对论革命及量子力学革命。如果除此之外还要归纳什么东西的话，我觉得很值得关注的是这样一种现象，那就是在经历了像量子力学革命那样激动人心的科学革命后，那一代的某些物理学家似乎产生了强烈的“科学革命情结”。一般认为，科学革命是年轻人的专长，科学史的发展也基本佐证了这一点，但经历过量子力学革命的某些物理学家却似乎是例外，在面对新挑战时，已不再年轻的他们往往比年轻人更青睐于用科学革命的思路去解决问题，以至于一有风吹草动就怀疑理论基础需做重大变革。若要给这种现象取个名称的话，我想不妨称为“科学革命综合症”。

在“科学革命综合症”的“病人”中，除玻尔外，狄拉克（Paul Dirac，1902—1984 年）是很典型的一位，当量子场论被发散问题所困扰时，他一再表示应该对理论基础进行变革，而且那变革将会像从玻尔的旧量子论过渡到量子力学那样剧烈。与他那激情燃烧的“革命情怀”完全相反，像费恩曼（Richard Feynman，1918—1988 年）那样的年轻小将们却反而很实用主义地采取了非

革命性的手段(重整化)来解决问题。海森伯是另一个例子,当量子场论遇到困难时,他也认为局势类似于当年的旧量子论时期,主张建立“新物理”,沿着那样的思路,他陷入了自己的死胡同——非线性旋量理论。不止一位那一代物理学家共同患有的这种“科学革命综合症”,是我认为玻尔的错误比爱因斯坦的错误更能让人洞察“那个时代的精神与背景”的主要原因。①

回到玻尔的第二次错误上来。BKS理论虽然寿终正寝了,但玻尔的“科学革命综合症”促使他在1929年左右又重新向能量动量的守恒发起了冲击,试图解决一个当时尚无答案的问题:β衰变中的能量问题。

当时所谓的β衰变,是指核子通过发射电子而进行的衰变。而所谓β衰变中的能量问题,是指原本被认为是由衰变前后的核子状态所确定的电子能量,实际上却被发现是连续分布的,从而与能量守恒定律相矛盾。这一问题使玻尔重新提出了能量动量在基元过程中有可能不守恒的观点。不过,他再次提出这一主张,实验虽是直接契机,“科学革命综合症”的作用却也不容小觑。在经历了量子力学革命后,一个很容易被提出的问题就是:从宏观尺度进入原子尺度时我们经历了量子力学革命,从原子尺度进入到更细微的原子核尺度时,是否要经历另一次科学革命?在玻尔看来这一问题的答案是肯定的。②他并且将之与自己不久前提出的互补原理联系在了一起,认为“我们在这里遇到了对描述自然现象的习惯模式进行更激烈变更的必要性,这种变更意味着对互补性观点的进一步推广”。

1929年,玻尔将自己的观点写成一篇题为《β射线谱和能量守恒》的短文

---

① 有读者可能会问:爱因斯坦是否也患有“科学革命综合症”?从某种意义上讲,答案是肯定的,温伯格所说的爱因斯坦晚年“变成他自己成就的囚徒”就可以被视为是某种程度的“症状”。但是,那些使爱因斯坦成为“囚徒”的成就要么是他的“独角戏”(比如相对论),要么是他所继承的经典物理观念(比如决定论),以“那个时代的精神与背景”而论显然都不如玻尔的“症状”有代表性。

② 当时由于中子尚未被发现,原子核理论除了面临β衰变中的能量问题外,还被诸如自旋、统计、磁矩、电子如何存在于核内等一系列其他问题所困扰,那些问题都加重了事态的严重性,也加重了想象中那“科学革命”的紧迫性。

寄给了泡利。在那篇短文中，他不仅提出了β衰变中能量动量不守恒的可能性，而且还设想这种不守恒性或许有助于解释当时尚未盖棺论定的太阳的发光之谜。不过有了上一次的前车之鉴，在给泡利的信中，玻尔谦虚地表示“我将很乐意听取您有关所有这些的看法，无论您觉得适宜用多么温和或多么严厉的语气来表达”。泡利没有辜负玻尔的信任，看完之后给出了很“温和”的评价：“我必须说它几乎没给我带来任何满足。”在作了若干技术性批评后，他的最终建议是：“让这篇短文先休息一长段时间，并让星星安静地照耀它吧。”

也许是泡利反对的缘故，玻尔最终没有发表那篇短文。但他并未就此死心，在接下来的几年间，他在信件、会议讨论及公开演讲中不止一次地提到核物理中能量动量不守恒的可能性。而泡利本人则于 1930 年提出了能量问题的正解，那就是β衰变在发射电子的同时还发射了一种看不见的中性粒子，是它带走了一部分能量，使其余部分看起来不守恒了。泡利提议的中性粒子就是我们如今所说的中微子（确切地说是反电子中微子），可惜对它的实验证实是二十多年后的事，因而未能及时终止玻尔的第二次错误。

玻尔直到 1936 年才放弃能量动量不守恒的提议。那时虽然中微子仍未被观测到，但意大利物理学家费米（Enrico Fermi，1901—1954 年）在中微子假设基础上建立起来的四费米子相互作用（four-fermion interaction）理论得到了很好的实验支持，使玻尔觉得问题已基本得到了解决。当玻尔最终从错误中走出来时，他不仅自己走出来了，而且对来自其他人的类似想法产生了抵御能力。如前所述，当量子场论被发散问题所困扰时，狄拉克显示出了“科学革命综合症”的“症状”，他的一个早期提议很接近玻尔曾经犯过的错误，即认为能量动量有可能不守恒，他表示“物理学目前已面临了不得不对基础进行激烈变更的前景，这种变更包括了放弃我们依赖最深的某些原理（比如能量动量的守恒），而代之以 BKS 或与之类似的理论”。

但此时的玻尔已不再为这类提议所动了，他对狄拉克认真看待 BKS 论文的做法表示了“深受感动”，但对狄拉克的观点本身却表示“一点都不满意”，他并且明确宣布那篇旧作（即 BKS 论文）“已经完成了自己的使命”。

五、结语

玻尔的错误就聊到这里了，毋庸置疑的是，我们对所谓“错误”的判断是建立在对物理原理的当前理解之上的。我们将玻尔对能量动量守恒的放弃归为错误，并不意味着认定能量动量守恒绝不可能在未来某一天被发现遭到破坏。不过即便有一天它被发现遭到破坏，那破坏也绝不可能如玻尔设想的那样显著，更不可能如玻尔设想的那样去解决昔日那些问题。从这个意义上讲，即便有那样一天，玻尔的错误也依然是错误。

同样毋庸置疑的是，无论玻尔的错误还是爱因斯坦的错误，都无损于他们作为伟大科学家的地位，也无损于我们对他们的敬意。科学史上几乎没有哪位伟大的科学家是从不犯错的，真正不犯错的往往反而是小角色。比如本文作者也发表过论文，那些论文也许不存在技术性错误，但与玻尔或爱因斯坦的论文相比，它们充其量只是小习题，出错的可能性虽小，有价值的可能性却更小。用一个也许不太恰当的比喻来说：在宁静小湖畔行走的人或许能不湿脚，在汹涌海浪前搏击的人却必然会沾水，伟大的科学家是后者而不是前者。

参考文献

［1］ Bohr N. Collected Works （vol 2）［M］. Amsterdam：North-Holland Physics Publishing，1981.

［2］ Bohr N. Collected Works （vol 5）［M］. Amsterdam：North-Holland Physics Publishing，1984.

［3］ Bohr N. Collected Works （vol 9）［M］. Amsterdam：North-Holland Physics Publishing，1986.

［4］ Pais A. Inward Bound：Of Matter and Forces in the Physical World［M］. Oxford：Oxford University Press，1988.

[5] Schweber S. QED and the Men Who Made It[M]. Princeton: Princeton University Press, 1994.

[6] 爱因斯坦. 爱因斯坦文集(第二卷)[M]. 范岱年,等,译. 北京：商务印书馆,1979.

[7] 派斯. 尼耳斯·玻尔传[M]. 戈革,译. 北京：商务印书馆,2001.

二零一一年六月十八日写于纽约

希尔伯特与广义相对论场方程[①]

一、引言

众所周知，20 世纪最著名的物理学家是爱因斯坦（Albert Einstein，1879—1955 年），爱因斯坦最著名的成就是广义相对论。关于广义相对论的提出，爱因斯坦的晚年合作者、波兰物理学家英菲尔德（Leopold Infeld，1898—1968 年）在《爱因斯坦：他的工作及对我们世界的影响》（*Albert Einstein：His Work and Its Influence on Our World*）一书中曾经记述过一段有趣的对话：

> ……我曾对爱因斯坦说："无论您是否提出，我相信狭义相对论的问世都不会有什么延误，因为时机已经成熟了。"爱因斯坦回答说："是的，这没错，但广义相对论的情形不是这样，我怀疑直到现在也未必会有人提出。"

英菲尔德并且评论说，这一回答很好地表述了爱因斯坦在广义相对论发

---

① 本文曾发表于《数学文化》2013 年 2 月刊（山东大学与香港浸会大学合办）。

展史上所扮演的角色。

确实，在 20 世纪前 25 年所发生的那场影响深远的物理学革命中，狭义相对论、广义相对论和量子力学这三大理论的提出可谓是各有特色：狭义相对论是水到渠成、瓜熟蒂落，量子力学则是群雄并起、共襄盛举——这两者虽很不相同，但似乎都是“离了谁地球照样转”。唯有广义相对论，几乎是爱因斯坦“一个人的战斗”，是没有爱因斯坦就没有广义相对论。这一点不仅有爱因斯坦本人与英菲尔德的上述对话作脚注，也是很多其他物理学家的共同看法。比如著名美国物理学家奥本海默（J. Robert Oppenheimer，1904—1967 年）在为纪念爱因斯坦逝世 10 周年而撰写，后被收录于爱因斯坦诞辰 100 周年纪念文集《爱因斯坦——世纪文集》（*Einstein：A Centenary Volume*）的题为《论爱因斯坦》（*On Albert Einstein*）的文章中，就写过一段与英菲尔德的回忆有异曲同工之意的文字：

> 量子的发现必定会以这种或那种的方式出现……对没有任何信号能运动得比光更快的含义的深刻理解也必定会出现……直到今天仍未被实验很好证实的广义相对论则除他以外，在很长很长时间内都不会有人能提出。

《爱因斯坦——世纪文集》的主编、以编写物理教材而知名的美国麻省理工学院（MIT）物理学教授弗伦奇（Anthony French，1920—　）也在为该文集撰写的题为《广义相对论的故事》（*The Story of General Relativity*）的文章中“英雄所见略同”地写道：

> 有人曾经评论过，在 1905 年之前……狭义相对论已经呼之欲出了，如果爱因斯坦没有将之透彻化，用不了多久其他人也会做到。无论这是否正确，可以确定的是：在创立广义相对论时爱因斯坦迈出了自己独一无二的一步。没有他的引路，这一步也许几十年都不会有人迈出。

这样一场“一个人的战斗”从历史考究的角度看，照说是不该有什么悬疑的，其实却不然。在广义相对论的历史考究中除了探讨爱因斯坦的“心路历程”外，还有一个颇有争议性的话题，那便是究竟谁最先提出了广义相对论场方程？这个争议性话题就是本文的主题，它的主角有两位：一位当然是爱因斯坦，另一位则是德国数学家希尔伯特（David Hilbert，1862—1943 年）。

二、 希尔伯特对物理学的兴趣

希尔伯特是 20 世纪最著名的数学家之一，也是“数学圣地”哥廷根（Göttingen）的灵魂人物之一，不仅研究领域极为宽广，研究成果也极为丰硕。单就以他名字命名的数学名词而论，就有不下一打，比如希尔伯特基（Hilbert basis）、希尔伯特特征函数（Hilbert's characteristic function）、希尔伯特立方（Hilbert cube）、希尔伯特矩阵（Hilbert matrix）、希尔伯特模形式（Hilbert modular form）、希尔伯特函数（Hilbert function）、希尔伯特多项式（Hilbert polynomial）、希尔伯特概型（Hilbert scheme）、希尔伯特空间（Hilbert space）、希尔伯特变换（Hilbert transform）、希尔伯特不变积分（Hilbert invariant integral），等等，以及——最后但对本文来说绝非最不重要的——爱因斯坦-希尔伯特作用量（Einstein-Hilbert action）。

德国数学家希尔伯特

对于很多数学家来说，名字能出现在一个数学名词中就已是难得的荣誉了，但对希尔伯特来说，那一打以上的数学名词加在一起，也还只是勾勒出了他研究工作中偏于“战术性”的那部分，而未能包括很多视野更宏大的“战略性”研究——比如对几何基础及数学基础的研究。不仅如此，作为数学家的希尔伯特的研究领域甚至不是数学所能涵盖的，因为除数学外，他对物理学也怀有浓厚的兴趣并从事过研究。

早在1900年发表的著名演讲“数学问题”（Mathematische Probleme）中，希尔伯特就把物理学的公理化列为了问题之一（即希尔伯特第六问题）。这个貌似泛泛的问题并非是为了让他的演讲看起来包罗万象而随意引入的，而确确实实是代表了希尔伯特所看重并感兴趣的一个方向。希尔伯特后来的学术轨迹在很大程度上印证了这一点：自1902年起，他开始讲授物理学；自1912年起，他设立了物理学助手职位，并招收指导了从事理论物理研究的学生；1913年，他组织了所谓的“哥廷根周”（Göttinger Gastwoche）活动，邀请普朗克（Max Planck，1858—1947年），德拜（Peter Debye，1884—1966年），能斯特（Walther Nernst，1864—1941年），索末菲（Arnold Sommerfeld，1868—1951年），洛伦兹（Hendrik Lorentz，1853—1928年）等众多第一流的物理学家来做报告，介绍了包括气体运动理论及兴起中的量子论在内的诸多课题。1914年，他邀请物理学家德拜开设了有关物质结构的讲座。

在希尔伯特对物理学的兴趣中，公理化思想是一个很重要的方面，不仅他本人深为重视，受他影响，一些其他数学家也对物理学的公理化展开了研究。比如在哥廷根大学（University of Göttingen）就读过的希腊数学家卡拉西奥多里（Constantin Carathéodory，1873—1950年）在热力学的公理化方面就做了重要工作。除公理化思想外，极小值原理（minimal principle）也极受希尔伯特的器重。极小值原理在物理学上的具体应用有着各种不同形式，那些形式大都为希尔伯特所熟悉。比如在讲授力学时，他曾经使用过高斯最小约束原理（Gauss' principle of least constraint）；在我们将要介绍的有关引力理论的研究中，则使用了在现代物理中被广泛运用的最小作用量原理（principle of least action）。

在对物理学的持续关注中，希尔伯特那颇具识人之明的眼光并没有漏掉一位比他年轻17岁、正快速成长为大腕的“后起之秀”——爱因斯坦。早在1912年，希尔伯特在研究线性积分方程时，就曾与爱因斯坦有过信件往来：他向爱因斯坦索要过气体运动理论及辐射理论方面的论文，并回赠过一本自己新出版的积分方程著作。他也曾邀请爱因斯坦在“哥廷根周”期间访问哥廷

根，做一次有关气体运动理论的报告，但爱因斯坦婉拒了。不过，在1915年6月28日至7月5日之间，爱因斯坦终于应希尔伯特的邀请对哥廷根进行了为期一周的访问，并作了六次——每次两小时的——报告，介绍他的广义相对论研究。

那次哥廷根之行给爱因斯坦留下了不错的印象，他在1915年7月15日给索末菲的信中描述了自己的观感：

> 在哥廷根，我非常愉快地看到所有的东西都在细节上得到了理解。我对希尔伯特很是着迷，他是一个重要人物！

在给其他同事和朋友的信件中，爱因斯坦也毫不讳言地表示了对希尔伯特的好感，并提到他（在引力理论方面）已完全说服了希尔伯特与克莱因(Felix Klein, 1849—1925年)①。希尔伯特对爱因斯坦的访问也极为重视。那次演讲之后不久，希尔伯特离开了哥廷根去度暑假。对于他在那段时间里的具体行程，史学家们所知不全，但一般认为，在那段时间里希尔伯特的研究重心向引力理论方向作了显著倾斜。这一倾斜使得他与爱因斯坦之间展开了一场无形的——在某些环节上甚至是有形的——竞争，也为史学家们留下了一个小小的谜团。

1915年11月20日，希尔伯特在哥廷根皇家科学院(Royal Academy of Science in Göttingen)作了有关引力理论的报告，介绍了他的研究成果。那次报告对于探讨谁最先提出了广义相对论场方程是极为重要的。可惜的是，也许因为听众大都是数学家，报告的主题却是物理学，从而"言者谆谆，听者藐藐"的缘故，后世的史学家们未能收集到有关那次报告的第一手资料——比如

---

① 克莱因是一位比希尔伯特更资深的哥廷根的数学大师（不要与有相同中文译名的美国数学科普作家 Morris Kline 相混淆，此处及后文提到克莱因所指的都是 Felix Klein）。关于爱因斯坦认为自己说服了希尔伯特一事，信件中并未提及细节，如果用后来的情形来印证的话，那么希尔伯特主要是接受了爱因斯坦的广义协变原理及用度规张量描述引力势的想法，但对爱因斯坦理论的若干其他细节，尤其是当时尚不正确的场方程，是并不认同的。

听众的反响或有关报告内容的细节性回忆等。早期的史学研究所依据的乃是希尔伯特于 1916 年 3 月 31 日发表在《皇家科学与人文学会新闻》(*Nachrichten von der Königlichen Gesellschaft der Wissenschaften*)上的题为《物理学基础》(*Die Grundlagen der Physik*)的论文。① 那篇论文明确标注了曾在 1915 年 11 月 20 日的会议上作过报告(Vorgelegtin der Sitzungvom 20 November 1915),从而被视为了有关那次报告的最直接——一度甚至是唯一直接——的资料。

接下来我们就先对希尔伯特的那篇论文作一个简短介绍。

三、希尔伯特的《物理学基础》

希尔伯特对引力理论的研究有两个主要切入点:一个是来自爱因斯坦的广义协变原理及用度规张量描述引力势的想法,这是爱因斯坦自 1907 年开始思索引力问题以来逐步确立起来的想法;另一个则是来自德国物理学家米(Gustav Mie,1869—1957 年)的物质理论。米(一个字的中文译名真是别扭)的物质理论(简称米理论)是建立在物质起源于电磁相互作用这一被称为电磁观或电磁世界观(electromagnetic worldview)的观念之上的,②与建立在电磁观之上的其他理论一样,在昙花一现之后很快就入住了"历史博物馆"。

借助这两个切入点,沿袭深受其重视的物理学公理化的大思路,希尔伯特在论文的开篇中列出了两条公理。其中第一条被称为"米的世界函数公理"(Mie's axiom of the world function),这条公理虽被冠以米的名字,从框架上讲,实际引入的乃是最小作用量原理,只不过用被米称为"世界函数"的函数

① 细心的读者也许注意到了,这一论文标题与他的名著《几何基础》(*Grundlagen der Geometrie*)的标题是极为相似的。

② 希尔伯特早年曾倾向于接受所谓的机械观,后来才转而接受电磁观。自 1913 年之后,则更具体地青睐于建立在电磁观之上的米理论。

H 来表述作用量而已。① 除此之外，该公理还规定世界函数 H 只包含度规张量及其一、二阶导数，以及电磁势及其一阶导数。从而同时体现了爱因斯坦用度规张量描述引力势的想法以及米的建立在电磁观之上的物质理论(因为物质场部分只含电磁场)。而第二条公理则是所谓的“广义不变性公理”(axiom of general invariance)，它规定世界函数在任意坐标变换之下为标量。毫无疑问，这条公理体现的是爱因斯坦的广义协变原理，只不过作用量是标量，从而“协变”(covariance)成为了“不变”(invariance)。如果更细致地分析的话，那么第一条公理中的 H 只包含度规张量及其一、二阶导数的限定有可能也是来自爱因斯坦的，因为是他通过对经典极限的研究，发现了引力理论不含度规张量的二阶以上导数。②

以这两条公理为基础，希尔伯特给出了一系列数学和物理上的结果。其中数学上的结果包括：

(1) 缩并形式——即关于里奇张量(Ricci tensor)——的毕安基恒等式(Bianchi identity)。③

(2) 诺特定理(Noether's theorem)的雏形。④

---

① 米的“世界函数”是一种拉格朗日函数(Lagrangian)，后者的符号通常取为 L。拉格朗日函数在具体使用时分“拉格朗日量”(Lagrangian)与“拉格朗日密度”(Lagrangian density)两种主要情形，前者常用于离散体系，后者常用于场论，希尔伯特所用的是后者。拉格朗日密度有时也称为作用量密度(action density)，其对不变体积元 $\sqrt{g}d^4x$ 的积分则称为作用量。不过为简洁起见，在不会混淆的情形下，我们将把两者统称为作用量。另外，依据约定的不同，$\sqrt{g}$ 有时——比如在爱因斯坦的论文中——会被表示成 $\sqrt{-g}$，将不再说明。

② 不过场论中通常就不含场量的二阶以上导数，因此这一限定虽有可能来自爱因斯坦，但即便没有爱因斯坦，估计希尔伯特也会做出同样的限定。

③ 毕安基恒等式据说最早乃是意大利数学家里奇(Gregorio Ricci-Curbastro，1853—1925 年)于 1880 年发现的，后来于 1902 年由意大利数学家毕安基(Luigi Bianchi，1856—1928 年)重新发现，并因此得名。在广义相对论的早期研究中，无论爱因斯坦还是希尔伯特都不知道这一恒等式，从而未能直接利用它来简化场方程的推导。

④ 诺特定理是德国数学家诺特(Emmy Noether，1882—1935 年)于 1918 年发表的，不过其证明据说在 1915 年就完成了。希尔伯特在准备 1915 年 12 月 20 日的报告期间，曾经让诺特做他的助手，因此两人在诺特定理这一课题上可能有过讨论。

而对我们来说更有兴趣的物理上的结果则主要包括：

(1) 引力理论的作用量为 $K+L$，其中 K 为曲率标量（现代符号为 R），L 为物质场的作用量，对希尔伯特来说特指为米理论中的电磁作用量。

(2) 引力场方程为 $\sqrt{g}(K_{\mu\nu}-\frac{1}{2}Kg_{\mu\nu})=-\partial(\sqrt{g}L)/\partial g^{\mu\nu}$，其中 $K_{\mu\nu}$ 为里奇张量（现代符号为 $R_{\mu\nu}$），$g_{\mu\nu}$ 为度规张量，g 为度规张量的行列式。

这两个物理上的结果正是后来在史学界引发争议乃至风波的核心所在。如前所述，包含这两个结果的论文虽是 1916 年 3 月 31 日发表的，但由于明确标注了曾在 1915 年 11 月 20 日的会议上作过报告，而关于那次报告，又一度并无足够详尽的其他资料可供研究，因此早期的史学家们便将这篇论文中的结果视为是希尔伯特不迟于 1915 年 11 月 20 日所得到的。与之相比，爱因斯坦最早得到正确的引力场方程是在 1915 年 11 月 25 日，那一天他向普鲁士科学院（Prussian Academy）报告了正确的场方程，并随即以“引力场方程”（*The Field Equations of Gravitation*）为题发表在了普鲁士科学院的会议报告（Sitzungsberichte）中。这一时间比希尔伯特作报告的日子晚了 5 天。因此，一些早期的史学家认为希尔伯特先于爱因斯坦就得到了广义相对论场方程。

不过，对于多数其他人来说，希尔伯特的论文其实并未引起太大反响，这也许是因为——如前所述——聆听他 1915 年 11 月 20 日报告的大都是数学家，对物理学话题相对隔膜。而当希尔伯特的论文正式发表时，不仅爱因斯坦关于引力场方程的最早的短文早已发表，就连他有关广义相对论的著名长篇综述《广义相对论基础》（*The Foundation of General Theory of Relativity*）也已问世。另外一个可能的原因则是爱因斯坦研究广义相对论所用的数学对当时的物理学家来说虽有些另类乃至“高深”，但比起希尔伯特的数学来却可能还算是略显“通俗”的，从而更容易被接受。

由于希尔伯特的论文未引起太大反响，因此关于希尔伯特是否先于爱因斯坦得到广义相对论场方程一事，很多人即便风闻过消息，对细节也大都知之不详。这方面的一个例子，是印度裔美国科学史学家梅拉（Jagdish Mehra,

1937—)所提到的。1974年，梅拉在有关这一话题的著作《爱因斯坦、希尔伯特与引力理论》(*Einstein, Hilbert, and the Theory of Gravitation*)的序言中提到，他之所以研究这一课题，并撰写这一著作，是因为匈牙利裔美国数学及物理学家维格纳(Eugene Wigner，1902—1995年)曾风闻过希尔伯特先于爱因斯坦发现广义相对论场方程的说法，并向他寻求证实。维格纳不仅是数学及物理学家，而且曾在哥廷根大学做过希尔伯特的助手，连他都不知道此事的细节，其他人就更可想而知了。

但在转而探讨历史细节之前，有关希尔伯特那篇论文还有其他一些东西值得评述。

在希尔伯特的论文中，除上述结果外，还提出了一个有趣的观点，那就是引力场的作用量对于度规张量的10个分量和电磁势的4个分量分别作变分，一共可以得到14个方程(即10个引力场方程与4个电磁场方程)，但由于缩并形式的毕安基恒等式共有4个，因此其中有4个方程是不独立的。希尔伯特对这一结果作出了自己的诠释，他认为这意味着4个电磁场方程可以作为10个引力场方程的推论，从而表明电磁理论可以从引力理论中得到。① 而依据希尔伯特当时所认同的电磁观，电磁理论乃是物质理论的基础，因此电磁理论可以从引力理论中得到，也就意味着全部的物理学都可以归并为引力理论。希尔伯特将自己那篇有关引力理论的论文取名为《物理学基础》，就在一定程度上体现了这一诠释。在论文的末尾，他甚至充满乐观地展望道：

> 通过本文所确立的基本方程式，我相信最深层的、目前还隐藏着的原子内部过程也将得到解释。尤其是将所有物理常数普遍约化为数学常数必定是可能的……物理学在原则上变成像几何那样的科学——这毫无疑问是公理化方法的最高成就。

---

① 有意思的是，希尔伯特的这一结论实际上是逆转了米的观点。米是电磁观的贯彻者，他的理论是单纯的电磁理论，并一度希望将引力也归因于电磁理论(因此米也是统一引力与电磁的早期尝试者)，这与希尔伯特所得到的结论恰好相反。米后来放弃了将引力归因于电磁理论的努力，转而尝试用四维矢量来描述引力势。

这种乐观憧憬也是刻在其墓碑上的希尔伯特的毕生信念“我们必须知道，我们必将知道(Wir müssen wissen. Wir werden wissen)”的一个生动写照。

当然，我们现在知道(希尔伯特本人在不久之后也意识到了)，希尔伯特的上述看法是完全错误的，因为缩并形式的毕安基恒等式并不意味着电磁理论可以从引力理论中得到。从现代观点来看，4 个缩并形式的毕安基恒等式的存在使得 10 个引力场方程中只有 6 个是独立的，从而在求解度规张量时必须添加 4 个坐标条件，仅此而已。这一点实际上是与广义协变性一脉相承的，因为后者意味着引力场方程及其解允许对 4 个时空坐标作任意变换，从而只有在添加 4 个坐标条件后才能得到确定的解。这一切丝毫不意味着从引力理论中可以得到电磁理论，更谈不上能将全部的物理学归并为引力理论(后者还进一步假定了本身也是错误的电磁观)，及支持希尔伯特论文末尾那些天马行空般的想象。此外，正确的引力场方程与缩并形式的毕安基恒等式一同确保了协变形式的能量动量守恒定律，而能量动量守恒定律——视具体的物质体系而定——蕴含了物质运动方程的全部或部分信息，这在如今也已是众所周知的结论了，前者在现代广义相对论教材中更是往往作为引力理论所需满足的条件，及推导引力场方程的捷径来用。可惜在早期研究中，无论爱因斯坦还是希尔伯特都未能清楚地看到这些。爱因斯坦早年走过的许多弯路(包括一度以为广义协变性无法普遍成立)，以及希尔伯特的上述错误都与之不无关系。当然，这绝不能作为后人苛责他们的理由，在黑暗中探索的前辈们所面临的困难是我们这些事后诸葛无法直接体验的，爱因斯坦本人对此有过精辟的评论：

> 在黑暗中探寻真理的那些能够体味却难以描绘的年月，那些强烈的渴望和在信心与疑虑之间的反复徘徊，直至突破后的明晰和领悟，都只有亲身经历过的人才能知晓。

不过，希尔伯特将电磁理论乃至整个物理学归并为引力理论的观点虽然不正确，他的这一做法却可以算是先于爱因斯坦走上了试图统一引力与电磁的道路。当然，在这点上他虽先于爱因斯坦，却也绝非“第一人”，比如笃信电磁观的米在他之前就曾做过类似努力(参阅前注)。希尔伯特本人则将这条道路的开创归功于德国数学家黎曼(Bernhard Riemann，1826—1866 年)，表示黎曼是“最早探索引力与光之间的理论关联”的人(因为在黎曼手稿中有一篇探讨引力与光的短文)，而他自己所得到的结果则被他称为是“对黎曼提出的问题的简单且很令人惊讶的解答”。相比之下，爱因斯坦是 20 世纪 20 年代开始才正式走上同样道路的，不仅比黎曼、米、希尔伯特来得晚，也晚于德国数学家外尔(Hermann Weyl，1885—1955 年)、卡鲁查(Theodor Kaluza，1885—1954 年)等人——当然，他较晚进入这一“死胡同”对物理学来说乃是不幸中的幸运。

希尔伯特那篇论文的另一个值得评述的特点，是率先用最小作用量原理表述了正确的引力理论。希尔伯特以最小作用量原理为基本出发点(即视为公理)的做法，曾被奥地利物理学家泡利列为是妨碍物理学家接受他理论的两大障碍之一(另一个障碍是采用了米理论)。不过从现代物理学的观点来看，希尔伯特的做法却极具前瞻性。因为现代物理学上几乎所有的基础理论研究都是从最小作用量原理出发的。[1] 就连爱因斯坦本人，虽然曾在 1916 年 5 月 24 日给好友艾伦菲斯特(Paul Ehrenfest，1880—1933 年)的信中表示不欣赏希尔伯特那“不必要地复杂迂回”的理论，在同年的 10 月却开始了沿这一方向的研究，并且在论文中改称希尔伯特的理论为“特别清晰的形式”。看来外尔在晚年的回忆中把希尔伯特比喻为吹着迷人长笛，引诱一大群老鼠跟随他跳入数学长河的人是颇为贴切的——就连爱因斯坦也挡不住诱惑地跟着他跳了一回。

说到这里，顺便回过头来评述一下本文开头所引述的爱因斯坦本人及其他物理学家的看法，即认为广义相对论如果没有爱因斯坦，在非常长的时间内

---

① 需要提到的是，爱因斯坦、洛伦兹等人在相对论研究中也使用过最小作用量原理，只不过没有像希尔伯特那样将其地位放得如此之高，而且也没能给出正确的引力理论作用量。

都无法由别人提出。我早年接触到这一看法时，曾有过完全的认同，因为像广义相对论那样复杂的理论，是不可能像发现牛顿引力定律那样利用观测线索来发现的(那样的线索只能得到一部分后牛顿近似，而不可能反推出广义相对论来)；而另一方面，纯理论的探索又有太多的可能性，米等人的探索就是例子，甚至连爱因斯坦本人的探索，也走过了大量歧途，且最后的成功——如后文将要提到的——仍有一定的歪打正着之处。对于这样的复杂理论，其他人完全独立地提出一模一样的理论似乎确实是不可思议的。① 不过，后来我的看法有了显著改变，理由正是最小作用量原理。从最小作用量原理的角度讲，只要有人想到了坐标变换可以突破狭义相对论的限制(这当然也不容易，但与创立整个广义相对论相比还是容易得多的)，则度规张量的引入就是必然的，而度规张量及其低阶导数构成的最简单的标量就是曲率标量，这一数学事实也早晚会被注意到的。如果进一步考虑到在现代物理研究中，对最小作用量原理的运用越来越广泛，对作用量的选取则呈现出穷举性，即认为凡未被基本原理所禁止的项都可以进入作用量中，则曲率标量的进入——从而广义相对论的发现——也几乎是必然的。当然，历史只有一次，我的这种看法只能聊作谈资而已。

在结束对希尔伯特那篇论文的介绍之前，还有一点我愿评述一下，那就是一些人(包括爱因斯坦)在评论希尔伯特的理论时，往往会指出该理论不如爱因斯坦的理论来得普遍，理由是希尔伯特采信了建立在电磁观之上的米理论，从而使得物质场被局限于电磁场，丧失了普遍性。与之相比，爱因斯坦在1915年11月25日首次得到正确的场方程时，在论文中明确表示："除了要求它导出守恒定律外，我们无需对物质场的能量张量作出其他假设。"这一评论所涉及的基本事实当然是无可辩驳的，希尔伯特确实对米理论表现出了显著

① 有读者可能会觉得希尔伯特就是一个反例。其实不然，因为——如正文所述——希尔伯特的研究是建立在来自爱因斯坦的许多框架性观点之上的，从而至多只是在我们将要讨论的推导场方程这一环节上独立于爱因斯坦，而并非在整个引力理论的研究上都独立。

青睐，甚至不惜以米的名字来命名公理。不过，我们也应当看到，将引力理论中的物质场限定为电磁场，甚至特指为米理论，更多地只是一种观念性的限制。希尔伯特的论文从理论框架上讲其实是相当普遍的，米理论虽然在公理中被提及，实质地位却是可有可无的，只要将作用量 $K+L$ 中的物质场部分 L 由仅仅描述米理论中的电磁场推广为一般的物质场，希尔伯特的理论框架**无需任何修改**就可以适用于更广泛的情形。不仅如此，希尔伯特的理论框架还首次给出了能量动量张量的一个全新的表达式：$T_{\mu\nu}=(1/\sqrt{g})\partial(\sqrt{g}L)/\partial g^{\mu\nu}$。这个表达式用泡利的话说，是“只有在广义相对论中才变得显而易见的”。这个表达式自动保证了能量动量张量的对称性，从而有着独特的优越性。

当我们如今来回顾希尔伯特的理论时，出于尽可能精确地还原历史的目的，虽然毫无疑问地需要指出他曾经青睐过米理论，并将之列为公理这一事实，但却不应由此而忽视他的理论所具有的框架意义上的普适性。在历史上，理论的框架比创始者所设想的更为宏大的情形并不鲜见，比如 1954 年杨振宁(Chen Ning Yang，1922—　)和米尔斯(Robert Mills，1927—1999 年)在提出著名的杨-米尔斯理论(Yang-Mills theory)时，就曾错误地将理论中的规范变换设定为同位旋(isospin)变换，但这种历史性的错误并不能遮蔽他们理论所具有的框架意义上的普适性，也并不妨碍我们将提出非阿贝尔规范理论(non-Abelian gauge theory)的荣誉归于他们。同样，对希尔伯特当年的论文，我们也不应该由于他所具有的观念上的局限性或错误，而减少应该归于他的荣誉——虽然希尔伯特的荣誉库早就“不差钱”了。

以上就是对希尔伯特那篇论文的已不太简短的“简短介绍”，现在回到我们的主题上来，即究竟谁最先提出了广义相对论场方程？或者更明确地说，希尔伯特是否先于爱因斯坦提出了广义相对论场方程？这可能是希尔伯特那篇遭受冷遇的论文中后世史学家们关心和讨论得最多的问题。这个问题除了关系到谁最先提出广义相对论场方程外，还可以引发出一些其他的可能性，比如爱因斯坦在提出场方程的过程中，是否有可能受到过希尔伯特的启发？甚至是否有可能“借鉴”了希尔伯特的场方程(假如确实是后者先问世的话)？那样的可能性后来也确实被某些史学家提了出来，并引发了争议乃至风波——这些我们将在后文中提及。

四、 早期研究简述

接下来，我们简单提一下在希尔伯特与广义相对论场方程这一课题上的早期研究。这一课题在早期虽不曾有过显著争论，但人们的看法起初也并不是完全一致的，比如洛伦兹就曾认为希尔伯特的工作只是用变分原理对爱因斯坦的工作做了重新表述而已。不过这些歧见在 20 世纪 70 年代出现了统一的势头。这势头的出现也许首先要归功于梅拉。如前所述，1974 年，梅拉因受维格纳垂询而对这一课题进行了研究，并发表了《爱因斯坦、希尔伯特与引力理论》这一著作。不过，梅拉的研究虽缘起于维格纳对细节的垂询，视野却比较宏观，较少辨析历史细节，而更多地着眼于对广义相对论的历史，尤其是对希尔伯特所采用的思想方法及其来龙去脉进行整体阐述上。在梅拉之后，1978 年，科学哲学家厄尔曼（John Earman，1942—　）与格里莫尔（Clark Glymour）也涉猎了这一领域，发表了一篇题为《爱因斯坦与希尔伯特：广义相对论历史上的两个月》（*Einstein and Hilbert：Two Months in the History of General Relativity*）的文章。由于当时希尔伯特与爱因斯坦的通信已被公布，因此厄尔曼与格里莫尔的文章包含了一些辨析性的内容。不过，侧重点和风格虽各有所异，那两组研究的结论是大体相同的，那就是基本肯定了希尔伯特先于爱因斯坦得到了广义相对论场方程。另外，那两组研究也肯定了希尔伯特与爱因斯坦在提出场方程的过程中虽有过交流，基本工作仍是彼此独立的。1982 年，荷兰裔美国物理学家派斯（Abraham Pais，1918—2000 年）在其颇具影响力的爱因斯坦传记《上帝是微妙的》（*Subtle is the Lord*）中也做出了大体相同的判断，即："爱因斯坦是广义相对论物理理论的唯一提出者，基本方程式的发现则应同时归功于他和希尔伯特。"

这些研究为早期的分歧作了"煞尾"。

但这种“煞尾”只维持了不太长的时间。1997 年，以色列特拉维夫大学(Tel-Aviv University)的科里(Leo Corry)、德国普朗克科学史研究所(Max Planck Institute for the History of Science)的雷恩(Jürgen Renn)以及美国波士顿大学(Boston University)的施塔赫尔(John Stachel)一同在著名学术刊物《科学》(*Science*)上发表了一篇短文，标题为《希尔伯特-爱因斯坦优先权纠纷的迟到的裁决》(*Belated Decision in the Hilbert-Einstein Priority Dispute*)。这篇短文以一份从哥廷根档案馆得到的希尔伯特的论文校样为依据，将这一已尘封多年、堪称冷僻的陈年往事重新翻了开来，并引发了极大的争议。

五、 校样风波

科里等人所得到的希尔伯特论文校样与发表稿一样，标注了曾在 1915 年 11 月 20 日的会议上作过报告。除此之外，它还带有一个打印日期：1915 年 12 月 6 日，以及希尔伯特手注的说明“第一遍校样”(参阅图片)，从而是一份比发表稿更早的文件。这一文件的发现，在一定程度上填补了研究这一课题所面临的早期文献空白。

通过对校样的研究，科里等人发现了希尔伯特在撰写发表稿过程中所做的若干修改，其中既包括逻辑结构的调整，比如校样包含三条公理，①而发表稿——如第三节所述——只含两条；也包括文字表述的修正，比如在首次提到表示引力势的度规张量时，手写加注了“由爱因斯坦最早引入的”这一说明。

① 希尔伯特论文校样所包含的第三条公理被称为“时空公理”(axiom of space and time)，它将时空坐标限定为使能量守恒定律成立的坐标。科里等人认为这一公理的使用表明希尔伯特 1915 年 11 月 20 日的报告曾受到爱因斯坦早期观点的影响，认为广义协变性无法普遍成立，从而需要对时空坐标附加额外限定。这一解读后来受到了其他人的质疑，因与本文主题关系不大，就不详述了。希尔伯特本人在给克莱因的信中表示，在发表稿中舍弃这一公理乃是因为它“不够成熟”。

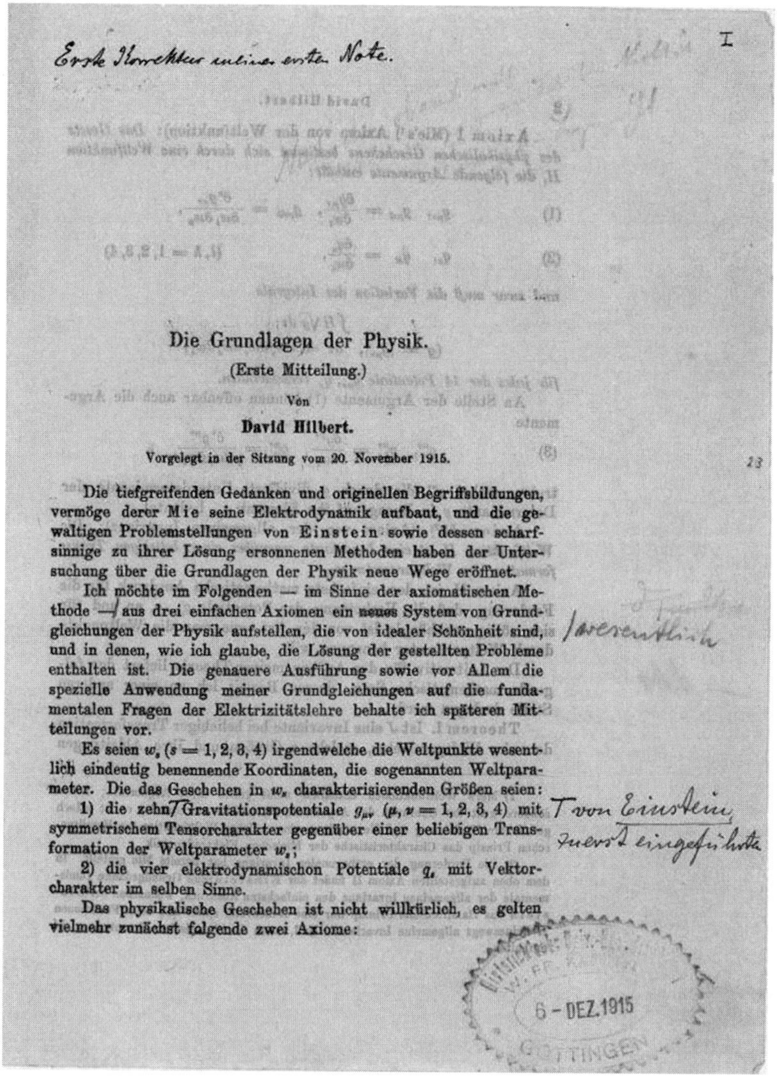

Die Grundlagen der Physik.

(Erste Mitteilung.)

Von

David Hilbert.

Vorgelegt in der Sitzung vom 20. November 1915.

Die tiefgreifenden Gedanken und originellen Begriffsbildungen, vermöge derer Mie seine Elektrodynamik aufbaut, und die gewaltigen Problemstellungen von Einstein sowie dessen scharfsinnige zu ihrer Lösung ersonnenen Methoden haben der Untersuchung über die Grundlagen der Physik neue Wege eröffnet.

Ich möchte im Folgenden — im Sinne der axiomatischen Methode — aus drei einfachen Axiomen ein neues System von Grundgleichungen der Physik aufstellen, die von idealer Schönheit sind, und in denen, wie ich glaube, die Lösung der gestellten Probleme enthalten ist. Die genauere Ausführung sowie vor Allem die spezielle Anwendung meiner Grundgleichungen auf die fundamentalen Fragen der Elektrizitätslehre behalte ich späteren Mitteilungen vor.

Es seien w_s $(s = 1, 2, 3, 4)$ irgendwelche die Weltpunkte wesentlich eindeutig benennende Koordinaten, die sogenannten Weltparameter. Die das Geschehen in w_s charakterisierenden Größen seien:

1) die zehn Gravitationspotentiale $g_{\mu\nu}$ $(\mu, \nu = 1, 2, 3, 4)$ mit symmetrischem Tensorcharakter gegenüber einer beliebigen Transformation der Weltparameter w_s;

2) die vier elektrodynamischen Potentiale q_s mit Vektorcharakter im selben Sinne.

Das physikalische Geschehen ist nicht willkürlich, es gelten vielmehr zunächst folgende zwei Axiome:

希尔伯特论文校样的第 1 页

这些修改的存在，表明希尔伯特论文的发表稿与 1915 年 11 月 20 日的报告是有差异的，而早期研究将两者混为一谈的做法则是有缺陷的。

问题是：缺陷大到什么程度？

对此，科里等人作出了一个他们称之为“迟到的裁决”的有一定颠覆性的结论，那就是希尔伯特并未先于爱因斯坦提出广义相对论场方程。具体地说，科里等人发现在希尔伯特的论文校样中，只包含了我们在第三节中提到的两条物理结果中的第一条——即引力理论的作用量为 $K+L$，以及引力场方程可以通过对度规张量做变分而得到这一泛泛说明，却没有包含第二条——即引力场方程的具体形式。

以这一发现为基础，外加对另一处细节的分析（参阅第 111 页注①），科里等人还提出了一个更具颠覆性的观点，那就是在希尔伯特提出广义相对论场方程的过程中，有可能"借鉴"过爱因斯坦的场方程。这样，他们就不仅逆转了希尔伯特与爱因斯坦得到广义相对论场方程的时间顺序，还冲击了早期研究中一致认定的希尔伯特与爱因斯坦彼此独立地得到广义相对论场方程的结论，从而在史学界引起了极大的争议。

颠覆性结论引发极大的争议乃是常见现象，本不足为奇。不过，这场有关希尔伯特与广义相对论场方程的争议却有一个奇特之处，那就是它的切入点出现在了一个几乎没人猜得到的地方。用旁观者的眼光来看，科里等人的研究中有一样东西堪称铁证，那就是希尔伯特的论文校样，这也是他们整篇文章的核心证据。但出人意料的是，争议的切入点居然就出现在了这核心证据上，并演变成了一场风波！

科里等人的短文发表后的第二年（1998 年），加州理工学院（California Institute of Technology）的爱因斯坦文献专家索尔（Tilman Sauer）发表了一篇题为《发现的相对性：希尔伯特关于物理学基础的第一份笔记》（*The Relativity of Discovery: Hilbert's First Note on the Foundations of Physics*）的文章。在这篇文章中，他披露了一个令人吃惊的事实，那就是希尔伯特论文校样的第 7、8 两页（那是同一页的正反面）的上方有一部分是缺失的（参阅图片），而对引力场的作用量或场方程的叙述——如果有的话——恰好位于第 8 页的缺失部分中！

这情节简直赶上武侠小说了——在古龙小说《陆小凤传奇之金鹏王朝》中

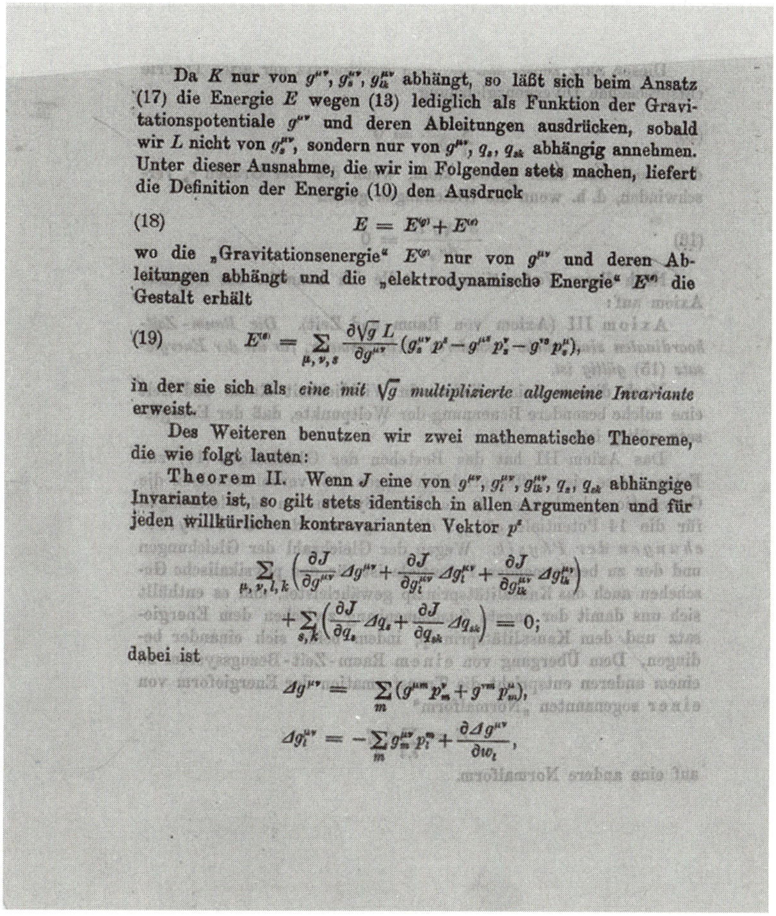

Da K nur von $g^{\mu\nu}$, $g_s^{\mu\nu}$, $g_{lk}^{\mu\nu}$ abhängt, so läßt sich beim Ansatz (17) die Energie E wegen (13) lediglich als Funktion der Gravitationspotentiale $g^{\mu\nu}$ und deren Ableitungen ausdrücken, sobald wir L nicht von $g_s^{\mu\nu}$, sondern nur von $g^{\mu\nu}$, q_s, q_{sk} abhängig annehmen. Unter dieser Ausnahme, die wir im Folgenden stets machen, liefert die Definition der Energie (10) den Ausdruck

$$E = E^{(g)} + E^{(e)} \tag{18}$$

wo die „Gravitationsenergie" $E^{(g)}$ nur von $g^{\mu\nu}$ und deren Ableitungen abhängt und die „elektrodynamische Energie" $E^{(e)}$ die Gestalt erhält

$$E^{(e)} = \sum_{\mu,\nu,s} \frac{\partial\sqrt{g}\,L}{\partial g^{\mu\nu}}(g_s^{\mu\nu}p^s - g^{\mu s}p_s^\nu - g^{\nu s}p_s^\mu), \tag{19}$$

in der sie sich als *eine mit $\sqrt{g}$ multiplizierte allgemeine Invariante* erweist.

Des Weiteren benutzen wir zwei mathematische Theoreme, die wie folgt lauten:

Theorem II. Wenn J eine von $g^{\mu\nu}$, $g_l^{\mu\nu}$, $g_{lk}^{\mu\nu}$, q_s, q_{sk} abhängige Invariante ist, so gilt stets identisch in allen Argumenten und für jeden willkürlichen kontravarianten Vektor p^s

$$\sum_{\mu,\nu,l,k}\left(\frac{\partial J}{\partial g^{\mu\nu}}\Delta g^{\mu\nu} + \frac{\partial J}{\partial g_l^{\mu\nu}}\Delta g_l^{\mu\nu} + \frac{\partial J}{\partial g_{lk}^{\mu\nu}}\Delta g_{lk}^{\mu\nu}\right) + \sum_{s,k}\left(\frac{\partial J}{\partial q_s}\Delta q_s + \frac{\partial J}{\partial q_{sk}}\Delta q_{sk}\right) = 0;$$

dabei ist

$$\Delta g^{\mu\nu} = \sum_m (g^{\mu m}p_m^\nu + g^{\nu m}p_m^\mu),$$

$$\Delta g_l^{\mu\nu} = -\sum_m g_m^{\mu\nu}p_l^m + \frac{\partial\Delta g^{\mu\nu}}{\partial w_l},$$

希尔伯特论文校样的第 8 页

陆小凤怀疑有人冒充大金鹏王，判断的方法是查验脚趾，因为真的大金鹏王是六趾。但当陆小凤揭开了盖在大金鹏王腿上的毯子时，发现他的双腿是锯掉的！

索尔虽披露了这一缺失，却未作发挥，只简单地假定为是希尔伯特本人为了“偷懒”将之裁贴到了其他地方以节省时间。① 但几年之后，这一缺失却不

① 这一说法并非全无依据，因为希尔伯特曾经做过类似事情，即从一篇文稿中裁去一部分内容，贴到其他地方以节省时间。

仅引发争议，而且演变成了风波。2003 年，美国内华达大学（University of Nevada）的物理学教授温特伯格（Friedwardt Winterberg）发表了一篇题为《论〈希尔伯特-爱因斯坦优先权纠纷的迟到的裁决〉》的文章，对科里等人的短文进行了严厉驳斥，并对希尔伯特论文校样中的缺失作了阴谋论解读，认为缺失乃是近期发生的蓄意行为，目的是抹杀希尔伯特对广义相对论的贡献。这一阴谋论解读得到了另外几位作者的响应，比如美国作者毕尔克尼斯（Christopher Bjerknes）和德国作者沃恩茨（Daniela Wuensch）在分别于 2003 年和 2005 年出版的书中，对这一"阴谋"进行了详细剖析，甚至像福尔摩斯还原犯罪过程一样，"还原"了"阴谋"的各个环节，其中包括采用何种工具，以何种方式裁去文字，其间犯过何种错误，采取过何种补救措施，等等。他们甚至详细"还原"了"作案者"的心理活动。

这些阴谋论解读因细节丰富到了可笑的地步，就不在这里重复了。它们的致命伤不仅在于缺乏与细节相匹配的证据，更在于无法解释"作案动机"，即为何有人甘冒身败名裂的风险来对希尔伯特的论文校样做手脚？阴谋论者认为那是为了能提出如科里等人所提出的那种颠覆性的观点。但事实上，且不说在这一冷僻领域中提出颠覆性观点的收益与身败名裂的巨大风险根本就不成比例，即便真想提出颠覆性观点，也完全没必要做那样的手脚。因为在对缺失部分的篇幅及上下文的内容进行分析之后，史学界已提出了极强的分析理由，表明缺失部分只包含引力理论的作用量，而不包含引力场方程。这首先是因为引入后者及相关说明所需的额外篇幅绝非缺失部分所能容纳（发表稿中相应内容的篇幅也印证了这一点）；其次还因为在后文提到缺失部分中的公式时，表示由它对度规张量做变分可得到引力场方程，这说明缺失部分包含的是作用量，而不是场方程（发表稿同样印证了这一点，引力场方程是在作出上述表示之后才给出的）。这一方面说明科里等人的核心证据虽一度成为争议的切入点，由铁证蜕变成了分析证据，实质内容却并无问题；另一方面也说明提出如科里等人所提出的那种颠覆性观点，根本就无需对校样作手脚。① 此外，还有一点对阴谋论者很不利，那就是除无需对校样作手脚的科里等人外，这一领域并无其他人提出过类似的颠覆性观点（因此阴谋论的影射对象是极为鲜明的，那就是科里等人），从而根本找不到能从“阴谋”中获益的“作案者”，阴谋论的荒谬也就更不言而喻了。

另外有一点需要指出的是，阴谋论者在驳斥科里等人时，自己也提出了一个颠覆性观点，那就是明示或暗示爱因斯坦在提出广义相对论场方程的过程中，有可能“借鉴”过希尔伯特的场方程。② 这一观点与科里等人的恰好相反，却同样冲击了早期研究中一致认定的希尔伯特与爱因斯坦彼此独立地得到广义相对论场方程的结论。这一对“互为镜像”的颠覆性观点，我们将在后文中加以讨论。

阴谋论提出后，被作为影射对象的科里等人在普朗克科学史研究所（即作者之一的雷恩所在的研究所）发表了一份针对温特伯格的措辞激烈的答复，不仅指责温特伯格的文字风格偏执（paranoid），而且将其观点与昔日纳粹德国的反相对论运动联系了起来，指控其试图重回纳粹时代反“犹太物理学”的老

① 不过，科里等人的短文只字不提校样中的缺失，依然是一件奇怪的事情。有些史学家猜测科里等人撰写论文时校样仍是完整的。但毕尔克尼斯声称自己曾写信向作者之一的施塔赫尔求证过，后者表示之所以未提校样中的缺失，乃是因为那篇短文只是一份不完整的初步报告（施塔赫尔等人在 2002 年确实发表过更详细的文章，其中提到了校样中的缺失）。这一信息如果可靠，则表明科里等人撰写短文时校样中的缺失已经存在，从而他们以陈述事实的语气来陈述校样中不含引力场方程这一需经分析才能得到的结论就显得有些难以理解。施塔赫尔的回答，即那篇短文只是一份不完整的初步报告，也并不能令人满意（比如毕尔克尼斯就指出该回答与短文标题中的“迟到的裁决”那样的强势用语不相吻合）。但奇怪归奇怪，语气上的问题毕竟不是铁证，这件事无论如何上升不到阴谋论的高度（因为科里等人的短文根本无需“阴谋”来作后盾）。

② 阴谋论者中的有些人原本就对爱因斯坦持有很负面的看法。比如毕尔克尼斯早在 2002 年就出版过一本书，书名为《爱因斯坦：无可救药的剽窃者》（*Albert Einstein: The Incorrigible Plagiarist*）。说到毕尔克尼斯，还有必要提到这样一点，那就是此人的某些观点有明显的妄想家色彩，比如认为人类正受到共济会（Freemasonry）等组织的威胁，而他自己的知识是拯救人类所必需的。

路。至此，争议演变成了风波。科里等人的这份答复因涉嫌人身攻击而遭到温特伯格的抗议，后来被普朗克科学史研究所"和谐"掉了，取而代之的是一份以研究所名义发表的对双方争议保持中立的声明。

由希尔伯特的论文校样引发的风波就介绍到这里，其基本结论是，**希尔伯特的论文校样只包含引力理论的作用量，而不包含引力场方程**。

六、信件辨析

由科里等人的短文引发的争议中，虽出现了荒谬的阴谋论和令人遗憾的人身攻击，却也涉及了一些细节性的辨析，且引起了不少认真讨论。接下来我们就对细节性辨析作一些介绍。

细节性辨析主要集中在对几封信件的解读上。其中第一封是 1915 年 11 月 18 日爱因斯坦给希尔伯特的信。这封信的背景是：希尔伯特于 11 月 13 日写信邀请爱因斯坦出席自己的报告，并表示该报告将对爱因斯坦提出的"大问题"(great problem)给出一个与爱因斯坦完全不同的公理化解答；爱因斯坦于 11 月 15 日回信以胃痛和疲惫为由婉拒；11 月 16 日，希尔伯特给爱因斯坦发了一张如今已遗失了的明信片。爱因斯坦 11 月 18 日的信就是对该明信片的回复，其中包含这样的文字：

> 您给出的体系——就我所见——与我最近几个星期发现并向科学院报告过的完全一致。困难之处并不在于找到 $g_{\mu\nu}$ 所满足的广义协变方程，因为这可以在黎曼张量的帮助下很容易地得到，而是在于证明那些方程是一种推广，即对牛顿定律的简单而自然的推广。

针对希尔伯特表示自己的解答与爱因斯坦完全不同这一点，爱因斯坦这段文字有明显的宣示优先权并强调(自己的)物理重于(希尔伯特的)数学的意味。这段文字很早就引起过关注，但自科里等人用希尔伯特的论文校样推翻了原先基于发表稿作出的"希尔伯特先于爱因斯坦提出广义相对论场方程"的结论之后,这段文字有了更重要的地位,被一些人视为了希尔伯特曾在 11 月 16 日的明信片中给出过广义相对论场方程的间接证据(因为否则的话,爱因斯坦所说的“完全一致”就失去了比较对象)。由于明信片比论文校样更早,假如它包含了场方程,那么希尔伯特就依然是先于爱因斯坦得到了广义相对论场方程。比如温特伯格就表示爱因斯坦的这段文字“证明了希尔伯特先于爱因斯坦得到了正确的场方程”;沃恩茨则以这段文字为由,用肯定的语气列举了希尔伯特明信片的内容,其中包括场方程。

但细究起来,事情却又不那么简单,因为爱因斯坦写下这段文字时他自己尚未得到正确的场方程。他当时以为正确的乃是一星期前(11 月 11 日)发表的题为《关于广义相对论(补遗)》(*On the General Theory of Relativity (Addendum)*)的短文中提出的错误方程: $R_{\mu\nu}=-kT_{\mu\nu}$,它与正确方程之间相差一个正比于曲率标量的项: $-\frac{1}{2}g_{\mu\nu}R$。① 这就产生了一个问题: 既然爱因斯坦尚未得到正确的场方程,那么他所说的“完全一致”究竟是什么意思呢?对此,有人提出,是因为爱因斯坦当时正处于——用他自己的话说——“一生中最激动、最紧张的时期之一”,没时间仔细推敲希尔伯特的场方程,从而误以为它与自己的(错误的)场方程相一致。至于这种“误以为”的根源,有人认为是单纯的粗心大意,即漏看了希尔伯特的(正确的)场方程所多出来的 $-\frac{1}{2}g_{\mu\nu}R$ 项;也有人认为是爱因斯坦注意到了 $-\frac{1}{2}g_{\mu\nu}R$ 项在能量动量张量的

① 不难证明, $-\frac{1}{2}g_{\mu\nu}R$ 在能量动量张量的迹 $T=0$ 时为零,因此爱因斯坦缺了这一项的场方程在一般情形下虽是错误的,在 $T=0$ 时却成立。这一点爱因斯坦自己也有所察觉,因为他发现自己的场方程在 $T\neq0$ 时会出现问题(无法满足能量动量守恒)。为避免这一问题,他破天荒地短暂接受了电磁观(因为电磁场的能量动量张量满足 $T=0$,而电磁观意味着物质起源于电磁,从而保证了物质场的能量动量张量也满足 $T=0$)。另外要指出的是,这一错误场方程其实三年前就由爱因斯坦与格罗斯曼(Marcel Grossmann, 1878—1936 年)一同提出过,只是因为计算牛顿极限时出现错误而遭到了放弃(这是爱因斯坦犯低级错误的一个例子)。爱因斯坦在 11 月 18 日的信中特意强调了这一点(目的也许是巩固优先权),从而证实了他信中所指的自己的场方程乃是这一错误方程。

迹 $T=0$ 时为零，而他当时恰好短暂地接受了能保证 $T=0$ 的电磁观（参阅第 105 页注①），从而认为该项的有无并不重要。①

这后一种猜测不无道理，在早期研究中也确实是对爱因斯坦所说的“完全一致”的合理解释。但希尔伯特论文校样的发现却为这一猜测带来了疑问，因为这一猜测假定了希尔伯特在 11 月 16 日的明信片中给出过场方程。如果那样的话，为什么在比明信片稍晚的论文校样中反而没有场方程呢？对此，有人认为是场方程在希尔伯特心中没什么重要性。这种说法本身未必没有道理，希尔伯特有可能确实不像爱因斯坦那样重视场方程，但用它来说明这一疑问却是没有说服力的，因为希尔伯特若果真由于不重视场方程而未将之纳入论文校样，又怎会在小小的明信片中都不忘记写上呢？这些问题的存在，使得“明信片包含场方程”这一假定陷入了窘境。如果小结一下的话，那么这一假定的有利之处是可以解释爱因斯坦回信中的“完全一致”这一说法，不利之处则是无法解释论文校样不包含场方程。两者相比，不利之处显得更为突出，因为对“完全一致”这一说法可以有多种解释（下面就将给出另外一种），而且基于“明信片包含场方程”这一假定所做的解释虽不无道理，却也仅仅是不无道理而已；而论文校样不包含场方程这一点在“明信片包含场方程”的假定下却几乎不存在合理解释（尤其是从时间上讲，该明信片应该是对论文校样的概述，从而更不可能包含超乎后者的内容）。因此，“明信片包含场方程”这一假定虽被一些人寄予厚望，可靠性却并不高。

那么，希尔伯特的明信片究竟包含什么呢？从上面的分析来看，更有可能的只是引力理论的作用量，以及引力场方程可以通过对度规张量做变分而得到这一泛泛说明，而并不包含场方程。这不仅与论文校样相一致，而且也同样有可能解释“完全一致”这一说法。因为引力场的作用量对 $g^{\mu\nu}$ 的变分，若没时

---

① 从逻辑上讲还有一种可能性，那就是希尔伯特在明信片中给出了一个跟爱因斯坦错得一模一样的场方程。不过，由于希尔伯特的任何文稿中都从未出现过那样的错误方程，其理论体系中也看不到出现这种错误的温床，忽略这一可能性是有较充足的理由的。

间推敲的话，是有可能被误认为或错算成 $R_{\mu\nu}$，从而与爱因斯坦的（错误的）场方程相一致的（事实上，除去无贡献的全微分项，作用量密度 R 的变分所给出的恰好是 $R_{\mu\nu}$，正确场方程中的额外项 $-\frac{1}{2}g_{\mu\nu}R$ 则是来自不变体积元中 $\sqrt{g}$ 的变分，确实容易被忽视）。而且爱因斯坦当时甚至认为自己的（错误的）场方程是"唯一可能的广义协变方程"（他在 11 月 18 日的信中就强调了这一点），从而还有可能仅凭两者都广义协变这一特点就粗略地判断两者一致。当然，有人也许会说：这种低级错误是爱因斯坦有可能犯的吗？对此当然谁也不敢肯定。高手虽然会犯低级错误（关于爱因斯坦犯低级错误的一个例子，参阅第 105 页注①），但没有铁证谁也不敢肯定某个特定的低级错误是高手犯的，而只能猜测，这是此类历史探究所无法避免的不确定性。但上述可能性比起爱因斯坦漏看希尔伯特场方程中的 $-\frac{1}{2}g_{\mu\nu}R$ 项来，恐怕还是大得多的可能性。另外，在我看来还有一个未被其他作者注意到的理由，可以支持希尔伯特的明信片不包含场方程这一结论，感兴趣的读者可以参阅第 113 页注①。

另一封引起广泛讨论的信件则是爱因斯坦 1915 年 11 月 26 日（即得到他自己的正确场方程的第二天）给好友仓格尔（Heinrich Zangger，1874—1957 年）的信，其中包含这样的文字：

> 这一理论的美丽是无可比拟的，然而只有一位同事真正理解了它，而他正以一种聪明的方式试图"分享"它（亚伯拉罕的表述）。在我的个人经历中，从未有比这一理论及相关一切所遭遇的更好地让我见识到了人性的卑劣。

这封信转译自《爱因斯坦全集》（*The Collected Papers of Albert Einstein*）第八卷的英译部分，其中"分享"一词来自英译 partake（德文原词为 nostrifizieren，另一种常用的英译为 nostrify，含义为"吸纳"），对该词的引号来自原文。"亚伯拉罕的表述"是指德国大学将其他大学的学位"吸纳"为自己学位的做法，其中的"亚伯拉罕"是指经典电子论的代表人物、德国物理学家亚伯拉罕(Max Abraham，1875—1922年)。“卑劣”一词则来自英译 wretchedness。撇开可能因翻译而受损的精微词义不论，关于这段文字，有两点是史学界公认的：一是“一位同事”指的是希尔伯特(对“一位”的着重来自原文)；二是这段文字有抱怨希尔伯特抢夺荣誉之意。除这封信外，爱因斯坦 1915 年 11 月 30 日给好友贝索(Michael Besso，1873—1955 年)也写了一封信，其中提到“我的同事在此事中表现得很丑恶”(“丑恶”一词来自英译 hideously)，也印证了上述抱怨。

这些信也被一些认为爱因斯坦“借鉴”过希尔伯特场方程的人解读为希尔伯特先于爱因斯坦得到广义相对论场方程的证据，比如德国康斯坦茨大学(University of Konstanz)的物理学教授艾伯纳(Dieter W. Ebner)在 2006 年发表的文章《希尔伯特如何先于爱因斯坦发现爱因斯坦方程及对希尔伯特校样的伪造》(*How Hilbert has found the Einstein equations before Einstein and forgeries of Hilbert's page proofs*)中就这样解释爱因斯坦的愤怒：“他必定对自己为解决‘大问题’工作了 8 年，而希尔伯特只用几个星期就先于他优雅地找到答案感到非常愤怒。爱因斯坦的愤怒表明希尔伯特 11 月 16 日的明信片对他有过显著帮助。”这种解释的逻辑是：倘若希尔伯特没有先于爱因斯坦得到广义相对论场方程，爱因斯坦就不会如此愤怒，因此爱因斯坦的愤怒反证出了希尔伯特先于他得到广义相对论场方程。

这种解读的最大问题，除采信了希尔伯特明信片包含广义相对论场方程这一本身就并不可靠的假定外，还与世所公认的爱因斯坦人品有着巨大矛盾。因为假如这种解读成立，那爱因斯坦就不仅“借鉴”了希尔伯特的场方程，而且还在给朋友的信中倒打一耙，反诬希尔伯特“丑恶”，其人品可就不是一般的无耻了。在没有铁证之前，对世所公认的爱因斯坦人品做出如此颠覆性的推测，是极度草率的。因此，这种以爱因斯坦的抱怨信为依据反证希尔伯特先于爱因斯坦得到广义相对论场方程的做法，是非常可疑的。相反，如果我们认为世所公认的爱因斯坦的人品更有公信力的话，倒是恰恰应该由抱怨信推证出爱因斯坦不可能“借鉴”希尔伯特的场方程。

而更平和的说法也许是，无需对爱因斯坦的人品作任何极端假设，就有很多理由可以解释爱因斯坦为什么会写下那样的抱怨信。比如前面提到的误以为希尔伯特的体系与他自己的“完全一致”(如前所述，这并不意味着希尔伯特在明信片中给出了场方程)，就有可能对处于冲刺阶段的爱因斯坦造成极大的危机感和恼怒感，因为那意味着希尔伯特这位听了他几次报告后半路杀出的竞争者有可能分享优先权。某些传记作者喜欢渲染爱因斯坦对名利的超脱，其实爱因斯坦起码对广义相对论的优先权是非常在乎的，别说希尔伯特，就连对昔日的“亲密战友”格罗斯曼(Marcel Grossmann，1878—1936 年)的贡献，他也曾在 1915 年 7 月 15 日给索末菲的信中近乎冷酷地表示：“格罗斯曼永远无法宣称是(广义相对论的)共同发现者，他只是在数学文献方面引导过我，而对结果没有任何重要贡献。”[①]对格罗斯曼尚且如此，希尔伯特这样一个“陌生人”分享优先权的可能性，自然不会让爱因斯坦开心，在给朋友的信中有所流露也就不足为奇。他信中的措辞虽然严苛，但与对格罗斯曼的评价相比，考虑到彼此关系的亲疏之别，并不能算出格。而且他不仅隐去了希尔伯特的名字，所选择的倾诉对象也都是圈外人士(仓格尔是法医学教授，贝索是专利局职员)。更何况，他当时恐怕不会想到自己在几年之后会成为每封私信都将被人细细推敲的公众人物。将这些因素综合起来，那两封抱怨信并没有什么不可理解的地方，以致于非得需要靠颠覆爱因斯坦的人品，及采信希尔伯特明信片包含广义相对论场方程那样的假定才能解释。

以上就是对受到较多关注的爱因斯坦信件的分析，其基本结论是：**爱因斯坦的信件并不构成对“希尔伯特先于爱因斯坦提出广义相对论场方程”的有**

① 爱因斯坦在晚年时对格罗斯曼表示出了更多的感激。比如 1936 年格罗斯曼去世后，爱因斯坦在给格罗斯曼遗孀的信中表示“感谢他(格罗斯曼)和他父亲的帮助，……要不然，即使未必死去，我也会在智力上被摧毁了。”而在爱因斯坦自己去世前一个月所撰的回忆中，他则写道：“我需要在自己在世时至少再有一次机会来表达我对格罗斯曼的感激之情。”不过，即使在这些表示中，他也没有在对广义相对论的贡献上给予格罗斯曼更高的评价。

效支持。

七、“借鉴”之争

在前文中,我们多次触及了希尔伯特与爱因斯坦是否彼此独立地得到广义相对论场方程的问题。这个问题在早期研究中曾有过肯定答案,但在科里等人的短文发表后却出现了两种针锋相对的否定看法：一种是认为希尔伯特有可能“借鉴”了爱因斯坦的场方程;另一种则认为爱因斯坦有可能“借鉴”了希尔伯特的场方程。下面我们就对这两种观点做一些介绍与分析。

认为希尔伯特有可能“借鉴”了爱因斯坦场方程的观点从某种意义上讲,是早期就有过的诸如“希尔伯特的工作只是用变分原理对爱因斯坦的工作作了重新表述”(参阅第四节)之类泛泛看法的延续。只不过利用希尔伯特的论文校样不包含引力场方程这一新证据,具体提出了希尔伯特在看到爱因斯坦11 月25 日的论文之后才添加场方程,且在添加过程中“借鉴”了爱因斯坦场方程的观点。这种观点的前半部分从现有资料来看是成立的,因为希尔伯特的论文确实是在校样之后才添加场方程的,不仅时间上晚于爱因斯坦 11 月25 日的论文,而且还援引了后者,从而表明希尔伯特看过爱因斯坦 11 月 25日的论文(以希尔伯特当时对引力理论的关注,这是显而易见的)。在这种情况下,希尔伯特确实有可能因受到爱因斯坦 11 月 25 日论文的影响,而对自己的论文作出调整。不过,认为希尔伯特在添加场方程的过程中“借鉴”了爱因斯坦的场方程,却仍是缺乏依据的。

在说明这一点之前,让我们稍稍离题一下,先介绍另一个本身也值得一提的争议。科里等人的短文发表之后,有人提出了这样一个观点,那就是希尔伯特既然给出了广义相对论的作用量,就应该算是给出了场方程,因为后者不过是前者的变分而已,而且那变分用某些持这一见解的人的话说,乃是“普通研究生就能完成的常规练习”。这个说法有道理吗？应该说既有道理又没道理。说它有道理,是因为作用量确实可以算是间接确定了场方程,而变分计算也确实不是很困难的问题;说它没道理,则是因为如今很简单的东西在初次探索时未必简单。比如广义相对论的牛顿极限如今正是“普通研究生就能完成的常规练习”,当年却让爱因斯坦和格罗斯曼栽了跟斗(参阅第105页注①)。广义相对论中的变分计算也是如此,起码在当年绝非是“普通研究生就能完成的常规练习”(参阅第113页注①)。另外,对广义相对论来说,场方程是一切物理计算的基础,重要性远高于作用量,这一点与现代读者所熟悉的量子场论之类以作用量为核心的理论完全不同。因此,在广义相对论的场方程尚未被提出之时,将它的提出归附于作用量的提出是很不恰当的。

现在回到希尔伯特对场方程的推导上来,这一推导实质上就是计算变分。如上所述,这在当年绝非是“普通研究生就能完成的常规练习”。但尽管如此,要说像希尔伯特那样的数学大师在决定由变分原理推导场方程时,会要“借鉴”爱因斯坦的场方程,却是令人难以置信的。而且,爱因斯坦在短短一个月的时间里就提出了好几种不同的场方程,我们这些事后诸葛虽然知道11月25日那个是正确的,对当年的希尔伯特来说却未必显而易见,他又怎会将自己的荣誉压在上面,“借鉴”其结果而不亲自计算变分呢?不仅如此,爱因斯坦对正确场方程的推导——如第三节所提到,并即将介绍的——有一定的“歪打正着”的意味,与希尔伯特对严密性的要求相距甚远,极不可能使他萌生“借鉴”之意。因此,希尔伯特得到广义相对论场方程的时间虽晚于爱因斯坦,说他“借鉴”爱因斯坦的场方程却是缺乏依据的。①

---

① 这里还有一个细节需要提一下,那就是希尔伯特论文的发表稿在给出场方程时写了这样一句话(已改用现代记号):“利用在由 $g^{\mu\nu}$ 及其一、二阶微商构成的量中,$R_{\mu\nu}$ 是除 $g_{\mu\nu}$ 之外唯一的二阶张量,以及 R 是唯一的不变量这一事实,无需计算就可得到。”这句话被科里等人视为是希尔伯特没有亲自计算变分,从而有可能“借鉴”爱因斯坦场方程的证据。应该说,这一看法不无道理,因为仅凭这句话是得不到场方程的,还必须辅以能量守恒的要求。但以此认定希尔伯特“借鉴”了爱因斯坦的场方程,比起正文所述的相反理由来,是仍显薄弱的,因为这有可能只是希尔伯特采取的一种在他看来更容易传递给读者的表述方式。很难想象在这种严肃论文中,崇尚严密性的希尔伯特会不进行严密的计算,而“借鉴”爱因斯坦那屡经变更且推导很不严密的场方程。

认为爱因斯坦有可能“借鉴”希尔伯特场方程这一观点则基本上是近年才出现的。在早期，哪怕是曾经显著贬低过爱因斯坦狭义相对论贡献的英国数学家惠特克(Edmund Whittaker, 1873—1956年)，在其1953年出版的《以太和电学的历史》(*A History of the Theories of Aether and Electricity*)的第二卷中述及广义相对论时，也不曾提出过那样的观点。持这一观点的人除了利用我们前面辨析过的那些信件外，还提出了一个理由，那就是爱因斯坦给出正确的场方程时没有进行推导。前文提到过的艾伯纳、哥廷根大学的理论物理学家托德洛夫(Ivan T. Todorov)等人都持此见。但这种理由却是相当粗心的，因为事实上，爱因斯坦在给出正确的场方程时是进行了推导的，只不过那推导有一定的歪打正着之处。

粗略地说，爱因斯坦的推导是这样的：利用$\sqrt{-g}=1$这一他在那些年时常使用的简化条件，将真空场方程$R_{\mu\nu}=0$用一个被他称为引力场的“能量分量”(energy component)的量$t_{\mu\nu}$来改写，在改写的结果中出现了$t_{\mu\nu}-\frac{1}{2}g_{\mu\nu}t$这一组合。然后他假定物质场的能量动量张量$T_{\mu\nu}$与引力场的“能量分量”$t_{\mu\nu}$应该以相同方式出现在理论中。这就导致了$T_{\mu\nu}-\frac{1}{2}g_{\mu\nu}T$这一构成正确场方程$R_{\mu\nu}=-k\left(T_{\mu\nu}-\frac{1}{2}g_{\mu\nu}T\right)$的关键组合。① 之所以说这一推导有一定的歪打正着之处，是因为引力场的“能量分量”$t_{\mu\nu}$并非张量，而物质场的能量动量张量$T_{\mu\nu}$则是张量，假定两者以相同方式进入理论是没有充分依据的。爱因斯坦自己也在1916年1月17日给洛伦兹的信中承认：“基本表述终于正确了，但推

① 广义相对论场方程有两种常用的等价形式，爱因斯坦当时得到的是$R_{\mu\nu}=-k\left(T_{\mu\nu}-\frac{1}{2}g_{\mu\nu}T\right)$，希尔伯特得到的则是$R_{\mu\nu}-\frac{1}{2}g_{\mu\nu}R=-kT_{\mu\nu}$(两者形式上的差别来自推导方法的截然不同，从而本身也体现了两人在这一环节上的独立性)。需要指出的是，爱因斯坦对场方程的推导在11月25日的论文中写得很简略($t_{\mu\nu}$在该论文中被称为“能量张量”)，在1916年的长篇综述《广义相对论基础》中才详细给出($t_{\mu\nu}$的名称则改为了“能量分量”)。不过两篇论文的逻辑传承还是很明显的。

导仍是糟糕的。”①确实，爱因斯坦直至 1916 年 11 月 25 日为止的所有广义相对论论文在结构上都远不如希尔伯特的论文严整。但正是那种不严整，与他过去若干年中近乎于用试错法寻找场方程的努力一脉相承，从而深具“爱因斯坦特色”（这一点爱因斯坦自己也知道，并在给洛伦兹的那封信中表示“我那一系列有关引力的论文是一条错误足迹的链条”）。更何况，爱因斯坦“借鉴”希尔伯特场方程的前提是“希尔伯特先于爱因斯坦得到广义相对论场方程”，而如前所述，目前的证据并不支持这一前提。因此，认为爱因斯坦有可能“借鉴”希尔伯特的场方程也同样是缺乏依据的。

以上是对希尔伯特与爱因斯坦在推导场方程这一环节上是否相互“借鉴”的分析，其基本结论是：**希尔伯特与爱因斯坦在推导广义相对论场方程这一环节上是相互独立的**。

八、尾声

至此，本文就接近尾声了。由希尔伯特论文校样激起的争议也许还不能算是尘埃落定，但倘若没有新的原始资料被发现，那么透过飞扬的尘土我们已可大致窥见结果。总体来说，**与早期研究相比，以较高可信度被改变的结论只有一个，那就是希尔伯特并未先于爱因斯坦得到广义相对论场方程**。早期研究中的其他结论，比如希尔伯特与爱因斯坦在推导广义相对论场方程这一环节上是彼此独立的，则虽有新争议，却不足以推翻早期结论；而“爱因斯坦是广

① 爱因斯坦给洛伦兹的这封信（以及两天后的另一封信）还有两个值得一提的地方：一个是在表示了“推导仍是糟糕的”之后，爱因斯坦开始叙述用作用量原理表述理论的尝试。这一点似乎间接证明了希尔伯特在 11 月 16 日的明信片中并未给出场方程。因为否则的话，爱因斯坦写信时由于已得到了正确的场方程，从而也应该已经意识到正确的场方程才与希尔伯特的相一致，以及希尔伯特的作用量是正确的（因为希尔伯特的场方程来自该作用量）。但爱因斯坦给洛伦兹的这封信却丝毫没有显示出这种知识。另一个是他表示自己没有计算作用量对 $g^{\mu\nu}$ 的变分，因为那太复杂。这说明此类计算在当时绝非是“普通研究生就能完成的常规练习”（参阅第七节）。

义相对论物理理论的唯一提出者”（派斯语）则更是无可撼动。

如果考虑到一些人提出的“给出了广义相对论的作用量，就应该算是给出了场方程”这一并未完全没有道理的观点，对那段历史中的优先权部分也许可以作这样一个无争议的表述：**希尔伯特最先得到了广义相对论的作用量**。有意思的是，对这段历史的研究虽不无波折，学术界对若干术语的命名却似乎早就预见到了结果：广义相对论的场方程通常被称为爱因斯坦场方程（Einstein field equations），而作用量则被称为爱因斯坦-希尔伯特（或希尔伯特-爱因斯坦）作用量（最先得到作用量的虽是希尔伯特，爱因斯坦作为整个理论的奠基者，享有共同“冠名权”应该不算过分）。

在本文的最后，让我们提一下那段历史对希尔伯特与爱因斯坦个人关系的影响，爱因斯坦给仓格尔和贝索的抱怨信可能会让某些读者为这两位大师级人物的关系捏一把汗，担心他们之间会出现“李杨之争”那样的局面。不过幸运的是，爱因斯坦的抱怨信虽折射出对优先权的敏感，他的整体人品与智慧终究还是让他摆脱了优先权之争的泥潭。而更值得称道的则是希尔伯特，他不仅在诸多场合公开承认广义相对论是爱因斯坦的理论，而且还在评选第三届波尔约奖（Bolyai Prize）时推荐了爱因斯坦，并提名使爱因斯坦当选为了哥廷根数学学会（Göttingen Mathematical Society）的通讯会员（corresponding member）。[①] 1915 年 12 月 18 日，希尔伯特写信将当选消息告知了爱因斯坦。两天后，爱因斯坦给希尔伯特回了这样一封信：[②]

---

① 这里所说的“哥廷根数学学会”在文献中有多个英译名，甚至有可能就是第二节中提到过的“哥廷根皇家科学院”。

② 关于爱因斯坦写这封信的原因，除回复希尔伯特的友好来信外，有史学家认为还有可能是因为他在写信之前已看到了更强调他的贡献、且援引他所有论文的希尔伯特论文的修改稿，从而情绪有所缓和。另外，这封信的口气似乎意味着两人之间的“不良感觉”已达到了彼此察觉的程度。派斯在《上帝是微妙的》一书中甚至转述了与爱因斯坦有过接触的美国物理学家斯特劳斯（Ernst G. Straus）提供的一条据说得自爱因斯坦的消息，声称那种“不良感觉”曾使希尔伯特给爱因斯坦写过辩解信，表示自己已不记得爱因斯坦的哥廷根演讲。这则消息在我看来有些八卦，因为很难相信希尔伯特会忘记由他亲自请来的爱因斯坦的哥廷根演讲，并以此为由进行辩解。那样的“辩解”不仅太过拙劣，而且只会火上浇油（因为那相当于进一步抹杀了爱因斯坦的贡献），完全不像希尔伯特的风格。

感谢您友好地告知我当选了通讯会员。借此机会，我觉得有必要跟您说一件对我来说比这更重要的事情。我们之间近来有着某种我不愿分析其原因的不良感觉。我一直在努力抵御这种感觉带来的苦涩，并取得了完全的成功。我已在心中恢复了与您的往日友谊，并希望您也这样待我。两个已在一定程度上将自己从这个肮脏世界中解脱出来的真正的研究者若不能彼此欣赏，那将是一种真正的耻辱。

让史学界争议了近一个世纪的话题在那两位睿智的当事人之间，就这样放下了。

他们都放下了，我们还放不下吗？就让这封信也成为本文的终结吧。

参考文献

[1] L Corry, et al. Belated decision in the Hilbert-Einstein priority dispute[J]. Science, 1997, 278: 1270.

[2] Earman J, Glymour C. Einstein and Hilbert: two months in the history of general relativity[J]. Arch. Hist. Exact Sci., 1978, 19: 291.

[3] Ebner D W. How Hilbert has found the Einstein equations before Einstein and forgeries of Hilbert's page proofs [J/OL]. http://arXiv.org/arXiv: physics/0610154v1 [physics.gen-ph].

[4] Einstein A. 爱因斯坦文集(第一卷)[M]. 北京：商务印书馆，2009.

[5] Einstein A. 爱因斯坦全集(第五卷)[M]. 长沙：湖南科学技术出版社，2002.

[6] Einstein A. The Collected Papers of Albert Einstein (Vol 6) [M]. Princeton: Princeton University Press, 1997.

[7] Einstein A. The Collected Papers of Albert Einstein (Vol 8) [M]. Princeton: Princeton University Press, 1998.

[8] French A P. Einstein: A Centenary Volume[M]. Cambridge: Harvard University Press, 1980.

[9] Infeld L. Albert Einstein: His Work and Its Influence on Our World[M]. New York: Charles Scribner's Sons, 1950.

[10] Isaacson W. Einstein: His Life and Universe [M]. New York: Simon & Schuster, 2008.

[11] Kox A J. The Universe of General Relativity[M]. Berlin: Birkhäuser, 2005.

[12] Logunov A A. et al. How were the Hilbert-Einstein equations discovered? [J/OL]. http:// arXiv. org/arXiv: physics/0405075v3 [physics. hist-ph].

[13] Mehra J. Einstein, Hilbert, and the Theory of Gravitation: Historical Origins of General Relativity Theory[M]. Dordrecht: D. Reidel Publishing Company, 1974.

[14] Pais A. Subtle is the Lord[M]. Oxford: Oxford University Press, 1982.

[15] Pauli W. Theory of Relativity[M]. Oxford: Pergamon Press Ltd., 1958.

[16] Petrov V A. Einstein, Hilbert and equations of gravitation[J/OL]. http://arXiv. org/arXiv: gr-qc/0507136v1.

[17] Reid C. Hilbert-Courant[M]. New York: Springer-Verlag New York Inc., 1976.

[18] Renn J, Schemmel M. The Genesis of General Relativity (Vol 4)[M]. Berlin: Springer, 2007.

[19] Sauer T. The relativity of discovery: Hilbert's first note on the foundations of physics[J/OL]. http://arXiv. org/arXiv: physics/9811050v1 [physics. hist-ph].

[20] Thorne K S. Black Holes and Time Warps: Einstein's Outrageous Legacy[M]. New York: W. W. Norton & Company, 1994.

[21] Todorov I T. Einstein and Hilbert: the creation of general relativity[J/OL]. http://arXiv. org/arXiv: physics/0504179 [physics. hist-ph].

[22] Whittaker E. A History of the Theories of Aether and Electricity: The Modern Theories 1900—1926[M]. Nashrille: Thomas Nelson and Sons Ltd., 1953.

[23] Winterberg F. On "belated decision in the Hilbert-Einstein priority dispute"[J]. Z. Naturforsch., 2004, 59a: 715.

二零一二年八月十五日写于纽约

他们为什么反相对论?①

一、先声

1919年11月6日,英国皇家学会和皇家天文学会举行了一次联合会议。在会议上,格林尼治天文台(Royal Greenwich Observatory)台长戴森(Frank Dyson, 1868—1939年)报告了英国天文学家爱丁顿(Arthur Eddington, 1882—1944年)对爱因斯坦广义相对论所预言的星光偏折效应的观测检验,结果与广义相对论的预言相一致。爱因斯坦几乎在一夜之间变成了公众和媒体的追逐对象。几星期之后,在应伦敦《泰晤士报》(*Times*)约稿所写的一篇文章中,爱因斯坦对自己的相对论作了一个很幽默的诠释,他说:"如今我在德国被称为德国科学家,在英国则被当作瑞士犹太人。如果哪天我变成一个讨厌鬼的话,那么称呼将会倒过来,在德国我将变成瑞士犹太人,而在英国则将变成德国科学家。"

---

① 本文的一个只包含德国部分的删节版曾发表于《科学画报》2013年第3期(上海科学技术出版社出版)。

这位能够预言星光偏折的物理学家或许没有料到,他这段幽默诠释竟然很快就变成了冷酷的事实。那事实就是:20 世纪最伟大的物理学家和他最著名的理论遭遇了史上罕见的猛烈攻击——那攻击既发生在欧洲,也发生在东方;既发生在当时,也发生在后世。

让我们从 20 世纪 20 年代的柏林(Berlin)开始追溯那一系列发人深思的反相对论运动。①

二、 德国的反相对论运动

1920 年 8 月 24 日,距离爱因斯坦那个幽默诠释的发表还不到一年,一场反相对论的公开演讲在柏林最大的音乐厅登场,主讲者是德国实验物理学家格尔克(Ernst Gehrcke, 1878—1960 年)和铁杆反相对论人士魏兰德②(Paul Weyland, 1888—1972 年)。一个月后,在德国中部旅游胜地巴登瑙海姆(Bad Nauheim)上演了第二场反相对论公开演讲,主讲者包括了著名的德国实验物理学家、1905 年诺贝尔物理学奖得主勒纳德(Philipp Lenard, 1862—1947 年)。大规模反相对运动由此拉开了序幕。

那些活动开展之时,相对论虽已获得了最具轰动性的观测支持,但毕竟还是一个新理论,而此类活动在当时也还比较新鲜,且主讲者包括了知名的实验物理学家,因此就连爱因斯坦本人也出席了那两次活动,结果却发现那些演讲中没有任何有分量的反对意见,有的只是含糊其辞、捕风捉影的指控和抨击。比如魏兰德和格尔克指控爱因斯坦的某些广义相对论计算剽窃了一位名不见

---

① 为行文简洁起见,在下文中我们将用"反相对论"一词来表示反爱因斯坦及反相对论这两种行为。在本文述及的那些事件中这两者几乎总是同时出现的。

② 有关魏兰德的生平资料十分有限,此人早年学过化学,后来当过工程师,写过小说,研究过诗歌、雕塑等,皆无建树。他的名声主要来自反相对论。他不仅在德国反相对论,而且还在"二战"后帮美国中情局(CIA)收集反爱因斯坦的材料,算得上是为反相对论事业鞠躬尽瘁了。

经传的“真正的德国人”的工作，而事实上，那位“真正的德国人”的论文无论前提还是推理都是错误的。勒纳德的反相对论理由则是相对论有违常识，因而必定是错误的。如此浅薄的逻辑出自一位诺贝尔奖得主之口多少有些令人吃惊，以至于爱因斯坦在一份公开声明中表示勒纳德作为实验物理学家虽值得敬重，在理论物理学上却毫无建树，他的反相对论意见更是不值一驳（虽然实际上他还是进行了驳斥）。

不过那些反相对论活动的技术含量虽然很低，它们的公开举行还是令爱因斯坦十分不快，以至于坊间流传起了爱因斯坦打算离开柏林的消息。柏林的对外办公室则收到了来自海外的报告，称那一系列反相对论事件对德国的国家形象极为不利。受这些消息惊动，主管普鲁士科学、艺术及文化的部长亲自写信给爱因斯坦，谴责了反相对论事件，并表示柏林永远以爱因斯坦为荣。而著名的德国科学家劳厄（Max von Laue，1879—1960 年），能斯特（Walther Nernst，1864—1941 年），鲁本斯（Heinrich Rubens，1865—1922 年）等人则在第一时间公开撰文向爱因斯坦表示了声援。

这些努力虽然暂时挽留住了爱因斯坦，却无法阻止反相对论运动的继续发酵，并逐渐掺入暴力色彩。有人开始宣称，由于运动是相对的，因此打爱因斯坦耳光是合法的，因为那只不过是爱因斯坦的脸颊撞击殴打者的手。更激进的人士甚至主张“让子弹飞”——刺杀爱因斯坦。

在反相对论阵营中，除勒纳德外，还有一位有分量的实验物理学家，那就是 1919 年诺贝尔物理学奖得主斯塔克（Johannes Stark，1874—1957 年）。[①]反相对论人士除对相对论展开直接攻击外，甚至还对诺贝尔委员会（Nobel Committee）造成了不小的压力，诺贝尔委员会两次请人撰写有关相对论的报告，为给爱因斯坦颁奖做预备，却两次收到了反相对论的报告，左右为难之下

---

① 富有戏剧性的是，勒纳德与斯塔克这两位知名反相对论人士都曾做过一些与爱因斯坦存在渊源的工作：勒纳德曾对光电效应（photoelectric effect）做过重要研究，而爱因斯坦获诺贝尔物理学奖的工作正是对光电效应做出理论解释；斯塔克则与爱因斯坦彼此独立地提出了如今被称为斯塔克-爱因斯坦定律（Stark-Einstein law）的光化学定律。

只得舍弃相对论,以爱因斯坦在光电效应方面的工作为由给他颁了奖。随着纳粹势力的扩张,德国的反相对论活动也变得更给力,最终于 1933 年将爱因斯坦赶往了美国。在一些科学史学家眼里,那是一个标志性事件,它标志着世界科学中心由欧洲迁往了美国。

除在德国遭受攻击外,爱因斯坦居住在柏林这一事实,使他很不幸地还同时成为了某些仇视德国的别国人士的攻击对象,甚至在相对中立的美国也不例外。比如某美国刊物的欧洲版曾将爱因斯坦辱骂成猪,因为他是德国人(其实爱因斯坦早就放弃了德国国籍)。而 1919 年底美国哥伦比亚大学(Columbia University)授予爱因斯坦巴纳德奖章(Barnard medal)一事,也遭到了一些仇视德国的美国人的抨击。那些事件虽不能与发生在德国的反相对论事件相提并论,却极准确地印证了爱因斯坦的那段幽默诠释。

如今回顾那些陈年旧事时,我们不禁要问:那些人为什么要反相对论?勒纳德和斯塔克早年都曾与爱因斯坦有过很友好的通信,为什么后来却变成了激进的反相对论者?

这其中一个很重要的原因是作为纳粹主义一部分的种族主义。无论勒纳德还是斯塔克,都是忠实的纳粹信徒,主张推进所谓"德意志物理学"(German physics),清除"犹太物理学"(Jewish physics),而声誉鹊起的相对论则被视为是"犹太物理学"的范例——因为爱因斯坦是犹太人。他们的反相对论主张虽然披着物理或哲学的外衣,但在那些不值一驳的表观理由背后所散发的,却往往是种族主义的气息。比如勒纳德反相对论的表观理由虽是相对论有违常识,但很快就将之阴谋化为犹太人蓄意颠覆科学的

德国的反爱因斯坦宣传画

尝试。而其他一些反相对论者更是公开宣称犹太人的思维已“被永久性地剥夺了对事物本质奥秘的了解”。反相对论者的种族主义攻击不仅针对像爱因斯坦那样的犹太人，而且还波及到了一些“根正苗红”的德国物理学家，比如著名德国物理学家海森伯就因维护相对论而被斯塔克称为了“白色犹太人”(white Jew)。

除种族原因外，爱因斯坦的政治见解也为他树立了许多敌人。“一战”后的德国因受协约国方面极为严苛的制裁，被迫签订了《凡尔赛条约》(*The Treaty of Versailles*)那样割地加赔款的“不平等条约”，致使国内民族主义(Nationalism)情绪高涨。而爱因斯坦却公开发表了很多和平主义言论，从而成为了民族主义势力的大敌。更糟糕的是，爱因斯坦还因发表过一些同情社会主义的言论，而显著得罪了右翼势力(right wing)，被后者斥为是搞“布尔什维克主义者物理学”(Bolshevist physics)，以及使物理学沦为辩证法。在主要的反相对论人士中，魏兰德就是右翼人士。此外，在所有知名的反相对论人士中，德国反相对论人士是唯一与爱因斯坦本人存在利益冲突的——因为爱因斯坦居住在德国。有些史学家认为，像勒纳德那样的实验物理学家之所以不遗余力地反相对论，部分原因是爱因斯坦作为理论物理学家的巨大声望威胁到了实验物理以及他们自身在德国物理学界的地位。

当然，在反相对论人士中，也确实有一些人是出于对相对论这一新理论本身的不适应而反相对论的，比如前面提到的格尔克就是一个例子，他从未加入过纳粹党，而他的反相对论立场则早在纳粹出现前的1911年就已形成，且终生未改其志，直到晚年(1951年)还宣称相对论终有一天将被抛弃。他不仅自己反相对论，还悉心收集了别人的反相对论言论，无形中为史学家们研究那段历史提供了便利。而以相对论有违直觉为由反相对论的人士，也并非都是像勒纳德那样种族主义挂帅的。事实上，当时确有不少人是因担心科学的数学化、抽象化及专门化而反对相对论的，只不过那些人大都是物理学的外行。比如当时有一个自称国家科学院(Academy of Nations)的由哲学家、工程师、医生、退伍军人等外行人士组成的组织，就激烈地反对科学的专门化，试图将科学知识纳入一个统一的、与宗教相容的描述,而相对论则被他们视为头号大敌。

三、苏联的反相对论运动

随着“二战”的结束和纳粹的覆亡,德国的反相对论运动基本消停了,但世界范围内的反相对论运动却还有另外两波。我们前面提到,在德国反相对论运动的核心缘由中,有一条缘由是爱因斯坦同情社会主义,但极具讽刺意味的是,社会主义国家却并不领那个情。事实上,世界范围内的另两波反相对论运动恰恰就都发生在社会主义国家,即苏联①和中国。

这其中发生在苏联的反相对论运动规模较小,系统性的批判主要有两轮:第一轮出现在20世纪30年代的“大清洗”(Great Purge)前后,第二轮则大致始于20世纪40年代后期。1947年,时任苏共领导人之一、主管斯大林时期文化政策的日丹诺夫对相对论宇宙学进行了批评,表示相对论研究者们因不懂辩证法,而错误地把得自于有限经验的规律使用到了无限宇宙中。平心而论,与德国的反相对论运动相比,日丹诺夫的批评虽用语僵化,却还算是比较正经的批评。但在苏联的体制下,日丹诺夫的批评起到了为相关讨论定调的作用,使得更多反相对论的声音随之出炉。不久之后,苏联哲学家卡尔波夫效仿列宁为德国化学家奥斯特瓦尔德(Friedrich W. Ostwald,1853—1932年)粘贴“伟大的化学家,渺小的哲学家”标签的做法,将爱因斯坦称为是“伟大的科学家和渺小的哲学家”,另一些批判文章则开始采用诸如“反动的爱因斯坦主义”那样更有力度的标签。

与爱因斯坦并无直接瓜葛的苏联为什么要反相对论呢?主要原因在于意识形态,主要战场也在意识形态。爱因斯坦曾多次表示自己在研究相对论的

① 本文不使用“前苏联”这一称谓,因为并不存在与“前苏联”相对应的“后苏联”,“苏联”一词指的就是“前苏联”,并无歧义。

过程中受到过奥地利哲学家马赫(Ernst Mach，1838—1916年)的影响，然而很不幸的是，在革命导师排行榜上位居探花的"三号导师"列宁却在《唯物主义与经验批判主义》一书中用很大篇幅批判了马赫，这就使爱因斯坦在苏联的地位变得尴尬。比如马列主义哲学家马克西莫夫就是从这一角度入手，对相对论展开了批判。

不过，相对而言，苏联的反相对论运动无论在规模还是程度上都是比较节制的，而且甚至在斯大林还在世时，就已出现了维护相对论的声音，比如马克西莫夫就被一些苏联物理学家公开斥责为不懂物理。为了维护相对论，苏联学者们还采用了各种迂回的方法。比如个别学者试图论证相对论对欧氏几何的背离是因为受到俄国数学家罗巴切夫斯基(Nikolai Lobachevsky，1792—1856年)而不是马赫等人的影响。这种论证既弘扬了俄罗斯文化，又替爱因斯坦甩掉了马赫这个包袱，可谓一举两得。可惜这种用心良苦的论证实在太过牵强，即便在苏联学者中也鲜有反响。另一类维护相对论的努力则是利用哲学固有的含糊性，试图论证相对论与辩证唯物主义相容。此类努力的代表人物是理论物理学家福克(Vladimir Fock，1898—1974年)，他表示相对论非但不与辩证唯物主义相矛盾，反而是对后者的辉煌证实。而对相对论最有成效的维护，则据说来自苏联核技术的组织者，原子弹、氢弹计划的领导者库尔恰托夫(Igor Kurchatov，1903—1960年)。据不同渠道的当事人回忆，库尔恰托夫曾向有可能包括斯大林本人在内的苏共高层进谏，表示现代物理是制造原子武器的基础，从而在很大程度上维护了相对论和量子力学的地位——包括其在高校课程中的地位。而原定于1949年召开的用马列主义声讨现代物理的批判大会也因此而取消(一年前，一次针对生物学的类似大会摧毁了苏联的遗传学)。①

① 史学界对库尔恰托夫在维护相对论与量子力学中所起的作用有一定的争议，因为有关他向苏共高层进谏的说法并无书面记录。

1953年之后,随着"四号导师"斯大林的去世,苏联的反相对论运动进一步降温。次年,苏联科学院院士索波列夫(Sergei Sobolev, 1908—1989年)在《真理报》上发表文章,表示对相对论所代表的"唯心主义世界观"的批判虽是必要的,但试图推翻相对论的物理部分却是徒劳的,从而公开承认了相对论作为物理理论的有效地位。而马克西莫夫的反相对论文章此时则基本没有杂志愿意发表了。

四、 中国的反相对论运动

世界范围内的第三波反相对论运动发生在"文革"时期的中国。自1949年之后,中国在意识形态上奉苏联为师,苏联的反相对论思想也经过中国媒体的转载,而传到了中国,并引起了一些山寨版的批判。不过,中国真正大规模、原创性的反相对论运动则是发生在"文革"期间。

中国的大批判宣传画

1968年,中国科学院成立了一个"批判相对论学习班"①,宗旨是"以毛泽东思想为武器,批判相对论,革相对论的命",因为"舍此,就不能把自然科学理论推上一个新阶段"。该班成员在其处女作中出手不凡地宣称狭义相对论的光速不变原理"根本违反了唯物辩证法",意味着"资本主义社会是人类终极社会,垄断资本主义生产力不可超越"。班上的一位年轻学员更是极有创意地指出相对论所鼓吹的"同时的相对性"意味着在不久前发生的中苏冲突中

① "批判相对论学习班"的全称为"'批判自然科学理论中资产阶级反动观点'毛泽东思想学习班",因将批判相对论视为"重中之重"而自我简称为"批判相对论学习班"。

不可能搞明白谁开了第一枪，从而是在袒护苏联。① 北京如此，中国的另一重镇上海也不甘落后，于 1969 年在复旦大学成立了一个“上海理科批判组”②，宣称“爱因斯坦就是本世纪以来自然科学领域中最大的资产阶级反动学术权威”，“不把相对论之类的反动理论打倒，什么新科学、新技术都是建立不起来的”。

与爱因斯坦的瓜葛比苏联更少的中国为什么也要反相对论呢？是学苏联吗？不是。因为“文革”时中苏两国已经交恶，简单地把中国的反相对论运动说成是学苏联无疑是小看了中国人民自己的智慧。事实上，中国的反相对论运动带有鲜明的中国特色——即群众运动色彩。在中国反相对论运动的浪潮中，就连山沟沟里的小学民办教师都有一些被打成了“爱因斯坦黑线”上的人物，可谓是大网垂天、疏而不漏，其波及之广、挖掘之深，皆远非苏联可比，而在言论的荒诞性上，更是连纳粹德国的反相对论运动都要瞠乎其后。

具体地讲，中国的反相对论运动乃是多重原因结出的共同果实。首先当然也是意识形态方面的原因。中苏虽已交恶，但马列著作依然是中国的“圣经”，因此“三号导师”列宁对马赫的批判在中国依然有极大的影响力。其次，中国本土导师毛泽东曾批判过相对主义。这种跟相对论八杆子也打不着的东西落在“批判相对论学习班”的眼里，当场就变成了批判相对论的利器，因为“相对论的大前提是哲学的相对主义”。“上海理科批判组”的悟性也不低，殊途同归地指出了“相对论的要害是相对主义”。这样一来，相对论就与列、毛两大导师的言论同时发生了抵触，在那个一位导师就足以将任何东西送入地狱的年代，它的命运自然可想而知了。

除意识形态方面的原因外，政治斗争也是中国反相对论运动的幕后推手。

---

① 据许良英先生(《爱因斯坦文集》的主要译者)及其学生屈儆诚的一篇曾摘要发表于《自然辩证法通讯》1984 年第 6 期和 1985 年第 1 期上的文章《关于我国“文化大革命”时期批判爱因斯坦和相对论运动的初步考查》披露，此年轻学员乃是郭汉英(郭沫若的儿子，“文革”后曾任中国科学院理论物理研究所研究员、博士生导师等职，于 2010 年去世)。

② “上海理科批判组”的全称为“上海市理科革命大批判写作组”，后期曾以“李柯”为笔名批判相对论。

比如“上海理科批判组”的出现,在很大程度上是当时主持上海工作的张春桥、姚文元两人与北京“中央文革小组”组长陈伯达角力的结果,甚至可以说是三人角力的分战场。张、姚、陈三人对两地的反相对论工作分别作了指导。此外,1972 年,借华裔物理学家杨振宁和李政道相继访华之机,当时的中国总理周恩来开始试图恢复中国的科教体系,反相对论运动则因此而成为了极左势力牵制周恩来的舞台之一。

最后,但并非最不重要的,是因为相对论一方面是 20 世纪最有代表性的物理理论之一,另一方面,却又比与之齐名的量子理论更容易望文生义及粘贴标签,而且相对论创始人爱因斯坦的知名度远大于除他本人外的任何一位量子力学先驱或创始人,因此批判相对论既容易造成影响,又便于新手上路。这一点,以及那个年代无知者无畏、外行批判内行、思辨(如果那也算思辨的话)取代数学、哲学指导科学等风气的盛行,不仅极大地助长了当年的反相对论运动,而且贻害深远,迄今仍是很多民间“科学家”无形的行为准则。

五、 结语

最后,让我们小结一下发生在德、苏、中这三个国家的绵延半个多世纪、横跨欧亚两大洲的反相对论运动。从核心缘由上看,反相对论运动兴起的最大因素在德国是作为纳粹主义一部分的种族主义,在苏联是马列主义意识形态,在中国则是马列主义意识形态外加政治斗争。从运动风格上看,德国和苏联的知名反相对论人士大都是不懂相对论的人,他们反相对论的理由虽然荒唐无知,但大都出于自己的真实意愿,是“真心实意”的反对者;而后来居上的中国除了有大批“真心实意”的反对者外,由于动辄搞群众运动式的“人人过关”,还使得一些理解并认同相对论的专业人士被迫发表违心的反相对论言论,成为“口是心非”的反对者。

但总体来说,德、苏、中这三家反相对论的缘由和风格虽各不相同,却有一个共同特点,那就是都倚仗了非科学的手段——无论那手段是纳粹主义、马列主义，还是其他教条——来抨击相对论，从而完全有别于科学探索。我们如今回顾那些反相对论运动的可笑与可悲，并不是要说明相对论不容挑战。诚然，相对论作为一个受到无数观测与实验支持的理论，具有极为坚实的经验基础，但科学上的任何理论都不是金科玉律，相对论也不例外。只不过探索一个科学理论的缺陷，或推翻一个科学理论，必须使用科学的方法，其他手段则大都徒劳无益。那样的手段若是个人使用，导致的通常只是个人闹剧——就像如今仍屡见不鲜的民间"科学家"们的闹剧一样，但若得到国家机器的支持而被强制推行，则会使科学蒙难，国家蒙羞，历史蒙尘。这是我们从那些反相对论运动中最该吸取的教训。

参考文献

[1] Graham L R. Science, Philosophy, and Human Behavior in the Soviet Union[M]. New Yrok: Columbia University Press, 1987.

[2] Grundmann S. The Einstein Dossiers[M]. Berlin: Springer, 2004.

[3] Illy J. Albert Meets America [M]. Baltimore: The John Hopkins University Press, 2006.

[4] Kojevnikov A B. Stalin's Great Science: The Times and Adventures of Soviet Physicists[M]. London: Imperial College Press, 2004.

[5] Levenson T. Einstein in Berlin[M]. New York: Bantam Books, 2004.

[6] Pais A. Subtle is the Lord[M]. Oxford: Oxford University Press, 1982.

[7] Wazeck M. The relativity deniers[J]. New Scientist, 2010, (13): 48-51.

[8] 胡大年. 爱因斯坦在中国[M]. 上海：上海世纪出版集团，2006.

[9] 周雁翎. 中国自然科学批判运动研究的现状和困境[J]. 武汉大学学报，2001.

[10] 柯萨诺夫 V，维希金 V. 意识形态与核武器——苏联理论物理学的艰难岁月[J]. 科学文化评论，2004，1(1).

二零一一年一月二十二日写于纽约

从爱因斯坦妻子的“秘密贡献”谈起①

1989 年 2 月，美国物理联合会（American Institute of Physics）主办的《今日物理学》（*Physics Today*）杂志刊登了沃克癌症研究所（Walker Cancer Research Institute）创始人沃克（Evan Harris Walker）的一篇标题为《爱因斯坦用了他妻子的想法吗?》（*Did Einstein Espouse his Spouse's Ideas*?）的文章。在文章中，沃克暗示了一系列颠覆性的观点，其中包括：爱因斯坦的博士论文有可能是妻子米列娃“代笔”的；狭义相对论的基本想法有可能来自米列娃；爱因斯坦有可能销毁了包含这一秘密的信件；爱因斯坦给米列娃的诺贝尔物理学奖的奖金是“封口费”，等等。

那么，爱因斯坦对狭义相对论的贡献是什么呢？沃克认为主要是填补数学细节。稍后，就连这个贡献也遭到了怀疑：1990 年，德国女权主义者托梅尔普劳兹（Senta Trömel-Plötz）在一本妇女杂志上发表了一篇题为《米列娃：帮爱因斯坦做数学的女人》（*Mileva Einstein-Marić*：*The Woman Who Did Einstein's Mathematics*）的文章，认为是米列娃帮助爱因斯坦完成了狭义相对

① 本文曾发表于《科学画报》2013 年第 3 期（上海科学技术出版社出版）。

论中的数学。这些文章的作者还暗示或明示，科学史学界对米列娃的贡献进行了有意抹杀。

Mileva Marić(1875—1948 年)

别看作者的背景五花八门，结论听起来也荒唐不堪，这类阴谋论观点却引起了媒体的浓厚兴趣，甚至得到了著名电视公司 PBS 拍摄的一部有关米列娃的资料片的介绍和传播。就连近几年最流行的爱因斯坦传记《爱因斯坦：他的人生和宇宙》(*Einstein：His Life and Universe*)一书的作者艾萨克森(Walter Isaacson)也称米列娃是“为他(即爱因斯坦)1905 年论文提供过数学帮助的塞尔维亚物理学家”。

若上述观点成立，爱因斯坦将变成什么人呢？首先是假博士(因为博士论文是妻子“代笔”的)，其次是沽名钓誉之辈(因为狭义相对论的想法和数学都是妻子“赞助”的)，再者还是阴险之徒(因为销毁信件，并用金钱封口)。附带着被颠覆的还有整个科学史学界(因为有意抹杀米列娃的贡献)。

有道是：超常的主张需要超常的证据。那么，如此颠覆历史——乃至颠覆史学界——的观点证据何在？主要的证据只有两条：一条是爱因斯坦在 1901 年给米列娃的信中曾将正在进行的工作称为“我们的”；另一条是已故苏联物理学家约飞(Abram Joffe)1955 年曾在某苏联刊物上发文表示见过爱因斯坦的论文署有爱因斯坦和米列娃两人的名字。这其中第一条只是分析性证据，并无一锤定音的效力，而且对信件的排查很快显示，爱因斯坦在热恋时虽偶尔将正在进行的工作称为“我们的”，绝大多数时候仍是用“我的”。不仅如此，米列娃自己在给朋友的信中也将爱因斯坦的工作称为“他的”。可见“我们的”不过是热恋时偶一用之的“甜言蜜语”。更何况，那些信件比爱因斯坦 1905 年的论文早了足足四年。第二条倒有几分铁证意味，可惜也被查清了，原来约飞只是说论文的作者是一位不知名的专利局职员：爱因斯坦-玛丽克

(玛丽克是米列娃的姓),他并且特意说明按瑞士的习惯,妻子的姓氏要添在丈夫姓氏的后面。可见,约飞只是按他认为的瑞士习惯,用“爱因斯坦-玛丽克”来称呼爱因斯坦,而不是说论文上有两个人的名字(事实上他明确说了作者是一位不知名的专利局职员),更没有说自己曾亲眼见过(事实上有史学家研究了约飞的学术经历后发现,他极不可能见过爱因斯坦论文的预印本)。

如此薄弱的证据居然成就了如此颠覆性的观点,不可谓不荒谬。而如此荒谬的观点,直到2012年仍有史学家撰文驳斥,影响不可谓不持久。其实,这类阴谋论观点在媒体上常能见到,它们的共同特点是:有选择地采用分析性的证据(比如爱因斯坦的一封信件)、不易核实的孤证(比如已故物理学家约飞发表在苏联刊物上的文章),或歪曲臆造的证据(比如对约飞文章的误读),而对不利证据(比如米列娃的数学成绩很差,米列娃的信件未谈及物理,爱因斯坦的工作有自洽而独立的逻辑传承,等等)则要么略而不提,要么进行阴谋论解读(比如毫无证据地认为米列娃的某些信件被爱因斯坦销毁了)。由于现实世界的许多事情都牵涉到许多方面,通过有选择地对待证据,再辅以歪曲臆造等“技术”,往往能轻易构造出颠覆性的观点,而媒体和大众偏偏还特别青睐那样的观点,这是阴谋论观点层出不穷的根本原因。

这原因既成就了阴谋论观点,也提供了识别它的诀窍。虽然普通读者并无能力分辨对证据的歪曲和臆造,但当你看到寥寥几条证据风卷残云般地颠覆一个主流观点,却丝毫不提后者赖以确立的大量其他证据该如何重新解释时,你所看到的就极有可能是一个阴谋论观点。

二零一三年一月二日写于纽约

希尔伯特第十问题漫谈[①]

一、问题

数学问题是数学中最具魅力的部分之一，并且也是数学史上许多思想和进展的重要源泉。据说有人曾建议德国著名的数学家希尔伯特（David Hilbert，1862—1943 年）去解决费马猜想（Fermat's conjecture），以夺取为这一猜想而设的沃尔夫斯凯尔奖金（Wolfskehl Prize），希尔伯特却笑了笑回答说："我为什么要杀掉一只会下金蛋的鹅呢？"在希尔伯特看来，一个像费马猜想那样的数学问题对数学的价值是无可估量的。希尔伯特不仅舍不得"杀鹅"，还怀着极大的热诚为 20 世纪的数学界做了一回"寻鹅之人"。1900 年，在于巴黎举办的第二届国际数学家大会上，希尔伯特做了一次堪称数学史上影响最为深远的演讲，演讲的题目叫做《数学问题》（*The Problems of Mathematics*）。

---

① 本文的正文部分曾发表于 2005 年 10 月 26 日和 11 月 2 日《中国青年报》的"冰点探索"栏目，发表时的标题分别为《会下金蛋的鹅——希尔伯特第十问题（上）》和《会下金蛋的鹅——希尔伯特第十问题（下）》。

在那次演讲中，希尔伯特列举了23个他认为最具重要意义的数学问题。① 那些问题被后人称为“希尔伯特问题”(problems of Hilbert)。自那次演讲之后，解决希尔伯特问题成了许多数学家终生为之奋斗的目标，而在解决这些问题的过程中源源不断产生出来的“金蛋”，则为20世纪的数学发展注入了极大的生机和活力。

在本文中，我们就来讲述有关这些数学问题中第十个——即所谓“希尔伯特第十问题”(Hilbert's tenth problem)——的一些故事。

希尔伯特第十问题是一个与解方程有关的问题。解方程大家都不陌生，在中学时我们就已解过许多简单的方程，比如 $2x-2y=1$，$x^2+y^2=z^2$ 等。我们所举的这两个简单方程有一个共同特点，那就是都只包含未知数的整数次幂，而且系数也都是整数，这类方程被称为整系数代数多项式方程。数学家们对这类方程的研究有着漫长的历史。

在公元3世纪的时候，古希腊数学家丢番图(Diophantus，200？—284？年)发表了一部长篇巨著，叫做《算术》(*Arithmetica*)。这部著作共有13卷，经过1700余年的漫长岁月，目前被公认流传于世的有6卷。② 丢番图在这部著作中对整系数代数多项式方程进行了大量研究，那些研究对代数与数论的发展有着先驱性的贡献。后人为了纪念他，把整系数代数多项式方程统称为丢番图方程(Diophantine equation)，而丢番图本人，则被一些人尊称为“代数学之父”(the father of algebra)。

对于丢番图方程，数学家们最感兴趣的一个传统问题乃是它是否有整数解(或自然数解)。对于简单的丢番图方程来说，这是很容易找到答案的，比如上面提到的 $x^2+y^2=z^2$ 有整数解(早在3000多年前，中国古代的数学家就知

---

① 这23个问题中有一些——比如第八问题——不是单一问题。另外，这些问题是以演讲的文稿而非演讲本身为依据排列的，希尔伯特在演讲中直接提及的只有其中的10个问题(本文所述的第十问题不在其中)。

② 除公认的6卷外，另有4卷发现于20世纪的阿拉伯文抄本也被认为有可能是丢番图《算术》或其注释本的译本。

道这个方程的一组特解，即"勾三股四弦五"）；另一方面，$2x-2y=1$ 则没有整数解(因为方程的左边为偶数，右边却为奇数)。但对于一般的丢番图方程来说，判断它是否有整数解却往往是一件极其困难的事情，其中最著名的例子就是上面提到过的费马猜想，即 $x^n+y^n=z^n$ 在 $n>2$ 时没有非零整数解，它是在隔了 300 多年后才得到的证明。[①]

长期以来，人们对丢番图方程是否有整数解的研究都是针对特定形式的丢番图方程进行的。但是，人们显然也可以提出这样一个问题，即有没有办法对任意形式的丢番图方程是否有整数解进行研究？或者更具体地说，是否能找到一种普遍的算法(algorithm)，可用来判定一个任意形式的丢番图方程是否有整数解，从而一劳永逸地解决这类问题？这就是著名的希尔伯特第十问题。这样的问题在数学上被称为判定问题(decision problem)，因为它寻求的是对数学命题进行判定的算法。

希尔伯特是一位对数学充满乐观信念的数学家。在他提出希尔伯特第十问题的时候，虽然没有明确表示那样的算法一定存在，但他没有用"是否存在那样的算法"作为问题的表述方式，而是直接要求数学家们寻找那样的算法，可见他对存在一个肯定的答案怀有期待。这种期待与他在其他方面对数学所表示出的乐观看法是一脉相承的。

但是，数学的发展却往往是像希尔伯特那样的数学大师都无法预料的。

二、算法

希尔伯特第十问题要求寻找判定丢番图方程是否有解的算法。但究竟什么是算法呢？在希尔伯特提出问题之时却其实并不存在一个明确定义。这是

① 细心的读者可能会注意到，在本文中我们没有对整数、正整数及自然数(零及正整数)等做出区分。这是因为可以证明(参阅附录)，对于希尔伯特第十问题来说，把解限定在这些数集的任意一者中都是等价的。

研究希尔伯特第十问题所遇到的第一个困难。这一困难使得希尔伯特第十问题在提出后整整30年没有取得任何实质进展。

对算法的研究直到20世纪30年代开始才逐渐深入起来。

什么是算法呢？粗略且顾名思义地讲，算法就是（通过有限多的步骤）对数学函数进行有效计算的方法。反过来说，如果一个数学问题能够通过可以有效计算的数学函数得到答案，那么我们就称这一数学问题存在算法。因此算法研究的一个重要的切入点便是寻找可以有效计算的函数。但是，到底什么样的函数是可以有效计算的呢？一开始数学家们并没有普遍结论，只知道一些最简单的函数（比如常数函数），以及用那些函数通过若干简单规则（比如相加）组合出来的函数，是可以有效计算的。数学家们将这类函数称为递归函数（recursive function）。

1931年，年轻的法国数学家赫尔布兰德（Jacques Herbrand，1908—1931年）对递归函数进行了研究，并给著名逻辑学家哥德尔（Kurt Gödel，1906—1978年）写信叙述了自己的研究结果。不幸的是，哥德尔当时正处于自己一生最重大的成果——哥德尔不完全性定理（Gödel's incompleteness theorems）——的研究期间，没有立即对赫尔布兰德的工作做出回应。[①] 更不幸的是，那年的夏天，年仅23岁的赫尔布兰德在攀登阿尔卑斯山时不幸遇难，他的工作因此被暂时埋没了起来。

与赫尔布兰德的研究差不多同时，在20世纪30年代初的时候，美国普林斯顿大学（Princeton University）的逻辑学家丘奇（Alonzo Church，1903—1995年）也在积极从事逻辑及算法的研究，并且发展出了一套新的逻辑体系。他并且让自己的两位学生——克林（Stephen Kleene，1909—1994年）与罗瑟（John Rosser，1907—1989年）——对该逻辑体系做进一步的细致研究。他

① 哥德尔给赫尔布兰德的回应只是不够“立即”，而非没有。他的回信写于1931年7月25日，赫尔布兰德遇难的时间则是7月27日，只相隔了两天，赫尔布兰德没来得及收到回信就去世了。

这两位学生都是第一流的学生，克林更是后来自己也成为了第一流的逻辑学家，他们的研究很快就有了结果，但这结果却大大出乎丘奇的意料：他们发现丘奇的那套体系竟然是自相矛盾的！自相矛盾的逻辑体系只能有一个命运，那就是被放弃。但幸运的是，丘奇的那套体系中有一个组成部分仍然是自洽的，从而可以被保留下来，那个组成部分叫做兰姆达运算（λ-calculus）。兰姆达运算是做什么用的呢？它可以用来定义函数，而且所有用兰姆达运算所定义的函数都是可以有效计算的。在对兰姆达运算做了研究之后，丘奇提出了一个大胆的猜测，那就是所有可以有效计算的函数都可以用兰姆达运算来定义。

1934 年，丘奇向到普林斯顿大学访问的哥德尔介绍了这一猜测，但哥德尔却不以为然。丘奇不服气，于是请哥德尔给出一个他认为合适的方法，来描述可以有效计算的函数。哥德尔没有让他久等，一两个月后就给出了一种完全不同的描述。哥德尔所给出的描述的基础正是 3 年前赫尔布兰德在给他的信中叙述的结果。哥德尔对这一结果进行了完善。这一结果因此被人们称为赫尔布兰德-哥德尔递归函数。

就这样，丘奇与哥德尔各自给出了一种体系，来描述可以有效计算的函数。那么两者孰是孰非呢？丘奇与克林经过研究，很快证明了这两种看上去完全不同的描述方式实际上是彼此等价的。这两位著名逻辑学家的工作殊途同归大大增强了丘奇的信心，他相信这就算是找到了可以有效计算的函数的普遍定义。但哥德尔及其他一些人对此却仍然怀有疑虑。

最终打消这种疑虑的是英国数学家图灵（Alan Turing，1912—1954 年）。

图灵当时对丘奇及哥德尔在这一领域中的研究并不知情。他所研究的课题是什么样的运算可以用抽象计算机来实现。① 他的这一研究对后来计算机科学的发展起到了深远的影响。在图灵的研究接近完成的时候，他的导师注

① 具体地讲，图灵当时的目的是要研究希尔伯特于 1928 年提出的有关一阶逻辑的判定问题。

意到了丘奇与哥德尔的工作。于是图灵对双方的工作进行了比较，结果发现丘奇与哥德尔所定义的那些函数与他的抽象计算机可以计算的函数恰好吻合！图灵把这一结果作为附录加进了自己的论文中。这一下就连哥德尔也心悦诚服了，毕竟，有什么能比在抽象计算机上可以直接计算更接近"可以有效计算"以及算法的基本含义呢①？

在这些有关算法的研究中，数学家们还提出了一个重要的概念，叫做"递归可枚举集"(recursively enumerable set)。什么是递归可枚举集呢？就是那些由可以有效计算的函数所生成的自然数的集合。② 我们知道，对于集合来说，一个最基本的问题就是判断一个元素是否属于该集合。递归可枚举集也不例外。但是数学家们在研究递归可枚举集的时候，却发现了一个十分微妙的结果，那就是对于某些递归可枚举集来说，我们无法判定一个自然数是否属于该集合！换句话说，有一些递归可枚举集是不可判定的。这一结果把对算法的研究与判定问题联系了起来，为后来解决希尔伯特第十问题埋下了重要的伏笔。

这一系列结果的出现主要集中在1936—1937年间。那时候，在数学中存在无法判定的命题本身已经不是一件新鲜事了。因为早在5年前，哥德尔就已经证明了他那著名的不完全性定理，即任何足够复杂并且自洽的数学体系都必定包含不可判定的命题。③ 但当时已知的不可判定命题大都集中在逻辑领域内。那么在数学的其他领域中究竟哪些命题是不可判定的呢？这个问题

① 不过，需要提醒读者的是，把可以有效计算的函数等同于丘奇、哥德尔、图灵等人提出的、彼此等价的函数并不是建立在数学证明的基础之上的，而只是一个猜测性的论题，即所谓"丘奇论题"(Church's thesis)。一般认为，丘奇论题是无法被证明的，因为"有效计算"本身是一个不存在精确定义的概念，它本质上取决于人们对"有效"及"计算"这样的非精确概念的理解。如果有一天人们发现有必要改变或拓展原先对这些概念的理解，则数学上的一些相关结果——包括希尔伯特第十问题的解决方式——会有可能需要作出相应的改变。

② 读者们想必猜到了，这些集合之所以被称为"递归可枚举集"，乃是因为可以有效计算的函数的定义之一叫做"赫尔布兰德-哥德尔递归函数"。

③ 确切地讲，这是哥德尔第一不完全性定理(Gödel's first incompleteness theorem)。

在整整10年之后才开始有答案。

1947年，美国数学家波斯特（Emil Post，1897—1954年）找到了第一个逻辑领域以外的不可判定命题。

波斯特是一位有着深刻洞察力的逻辑学家，7岁时随父母从波兰移民到美国，是美国逻辑学领域的先驱者之一。他比哥德尔早了将近10年就得到了与哥德尔不完全性定理相似的结果，但由于想对结果作更全面的分析而没有及时发表。1936年，几乎与上面提到的哥德尔、丘奇及图灵同时，波斯特独立提出了非常类似于图灵的结果。波斯特同时还是最早意识到希尔伯特第十问题可能会有否定答案的数学家之一。他在1944的一篇文章中明确提出希尔伯特第十问题"期待一个不可解性证明"。当时波斯特在纽约市立大学（The City College of New York）任教，他的这一观点深深地打动了一位学生，使后者走上了毕生钻研希尔伯特第十问题的征途。

那位学生名叫戴维斯（Martin Davis，1928—　），是解决希尔伯特第十问题的关键人物。

三、丢番图集

戴维斯的父母也是从波兰移民来美国的，戴维斯本人则出生在纽约。1944—1948年间，戴维斯在纽约市立大学学习，波斯特对希尔伯特第十问题"期待一个不可解性证明"的看法用戴维斯本人的话说是开始了他"对这一问题的终身迷恋"。从纽约市立大学毕业后，戴维斯来到了美国逻辑学的中心普林斯顿，跟随丘奇从事进一步的研究。戴维斯在普林斯顿研究的是一个冷门课题——别小看这种课题，对研究生来说，研究那样的课题往往最容易出成果，且不容易被别人抢先或与人"撞车"。但戴维斯无法抵御希尔伯特第十问题的魅力，在研究自己课题的同时，还分出精力来继续思考希尔伯特第十问题。最后他甚至在博士论文上特意增添了一个章节，简单叙述了自己在希尔伯特第十问题上"不务正业"的结果，那是在1950年。这一增添的章节使戴维斯的那篇原本会像多数研究生工作那样被人遗忘的博士论文变得重要起来，甚至可以名垂史册。3年后，戴维斯发表了一篇更详细的论述。他的这一工作标志着数学家们正式开始解决希尔伯特第十问题。

戴维斯在他的研究中引进及应用了一个很重要的概念，叫做“丢番图集”(Diophantine set)。和我们在前面提到过的递归可枚举集一样，丢番图集也是一些由自然数组成的集合。所不同的是，递归可枚举集是由可以有效计算的函数生成的，而丢番图集则是通过丢番图方程生成的。戴维斯的重要发现就在于找到了这两类集合之间的一种关联。

戴维斯为什么要引进丢番图集的概念呢？是因为倘若希尔伯特第十问题具有肯定的答案，即存在一个算法来判定丢番图方程是否有解，那么我们就可以用这一算法来确定一个自然数是否属于某个丢番图集，这表明所有丢番图集都是可判定的。反过来说，倘若我们可以证明某些丢番图集是不可判定的，也就等于证明了希尔伯特第十问题具有否定的答案。因此，丢番图集的可判定与否跟希尔伯特第十问题具有肯定还是否定答案有着密切关系，这正是戴维斯引进丢番图集这一概念的价值所在。

受波斯特影响，戴维斯倾向于认为希尔伯特第十问题具有否定答案，因此，他想要证明的是某些丢番图集是不可判定的。那么，怎样才能证明某些丢番图集是不可判定的呢？最好的办法就是设法把它与某一类已经知道是不可判定的集合联系在一起。① 而什么样的集合是已经知道是不可判定的呢？正是前面提到过的递归可枚举集。因此在这两类集合之间建立关联是非常重要的。尤其是，如果能证明所有递归可枚举集都是丢番图集，那就等于证明了某些丢番图集是不可判定的，从而也就等于证明了希尔伯特第十问题的否定答案——即波斯特所说的“不可解性证明”。

---

① 这里的用词需稍作说明：当我们对集合使用“不可判定”一词时，有两种不同的用法(读者不难依上下文做出区分)：第一种是针对某个特定的集合，指的是无法判定一个自然数是否属于该集合；第二种是针对某一类集合，指的是该类集合中至少有某些特定集合是在第一种用法下不可判定的。

这正是戴维斯寻找希尔伯特第十问题否定答案的思路。

不幸的是，在戴维斯找到的丢番图集与递归可枚举集的关联中用到了一个被称为"有界全称量词"（bounded universal quantifier）的逻辑算符。如果没有这个有界全称量词，他就可以证明所有递归可枚举集都是丢番图集，一切也就大功告成了。可是数学证明是差不得分毫的，因为有了这个有界全称量词，戴维斯的逻辑链条中断了，从而无法对希尔伯特第十问题作出解答。但尽管如此，戴维斯仍然相信所有递归可枚举集都是丢番图集，他把这一点作为一个猜测提了出来。

在当时，这是一个很大胆的猜测。

很明显，要证明戴维斯的猜测，关键就得把那个有界全称量词去掉，这是一件非常困难的事情。直到 9 年之后，即 1959 年，戴维斯才在与美国哲学家普特南（Hilary Putnam，1926—　）的合作中有条件地做到了这一点。他们为做到这一点所付出的代价，是不得不引进了两条额外假设。

初看起来，这像是不进反退：原本只有一个麻烦（即"有界全称量词"），现在反而变成了两个（即"两条额外假设"）。但数学假设的证明难度不是用数量来简单衡量的，戴维斯与普特南所引进的那两条额外假设比那个有界全称量词来得具体，因而处理起来要容易一些。在发表这一研究的全文之前，戴维斯与普特南把自己的结果寄给了研究希尔伯特第十问题的另一位重要人物——美国数学家罗宾逊夫人（Julia Robinson，1919—1985 年），想先听听她的看法。

这一寄揭开了一段新的合作，把他们的结果又大大向前推进了一步。

四、罗宾逊猜想

数学是一个性别比例相当失调的领域，罗宾逊夫人是该领域中为数不多的女数学家之一。与其他一些女数学家一样，她一生在追求学术的过程中遇到过许多坎坷。这些坎坷既有来自社会的，也有来自自己生活的。罗宾逊夫人幼年时屡患疾病，导致身体虚弱，无法生育，这一点曾使酷爱家庭的她陷入极度的痛苦之中。后来，在她那同为数学家的丈夫引导下，是数学的力量让她渐渐摆脱了痛苦的阴影。罗宾逊夫人的丈夫早年曾是她的数论教授，帮助她打下了非常扎实的数论基础。

罗宾逊夫人自1948年起开始研究希尔伯特第十问题，并曾与戴维斯有过交流。当她收到戴维斯与普特南寄来的结果时，凭借自己的数论功底，很快就发现了他们所作的两个假设中有一个可以去掉，同时整个证明也可以作极大的简化。1961年，戴维斯、普特南及罗宾逊夫人合作发表了这一简化后的结果。这一结果是戴维斯、普特南的逻辑技巧与罗宾逊夫人的数论功底的完美结合，也是数学家们在希尔伯特第十问题的研究中所取得的又一个重要进展。

在这一进展中戴维斯与普特南所作的两个假设只剩下了一个。但这剩下的一个却是连罗宾逊夫人也无法去除的。这个假设涉及一种被称为“指数丢番图集”(exponential Diophantine set)的集合，这种集合类似于丢番图集，但却涉及指数函数。倘若有人能证明指数丢番图集实际上就是丢番图集——这也正是那剩下的假设之所在，那么戴维斯、普特南及罗宾逊夫人的工作就完全了，希尔伯特第十问题也就被证明具有否定答案了。但指数丢番图集究竟是不是丢番图集呢？这个问题困住了这三人。

对罗宾逊夫人来说，指数丢番图集其实并不陌生。早在1948年，当她刚刚涉足希尔伯特第十问题的时候，就研究过由著名波兰逻辑学家塔尔斯基(Alfred Tarski，1901—1983年)所提出的一个猜测。该猜测认为指数丢番图集不是丢番图集。经过一段时间的研究后，罗宾逊夫人开始怀疑起了塔尔斯基的猜测，因为她找不到任何证据可以支持这一猜测。于是她转而作出了一个与塔尔斯基相反的猜测，即指数丢番图集实际上就是丢番图集，这个命题被称为罗宾逊猜想。这也正是戴维斯、普特南及罗宾逊夫人1961年的工作中唯一缺失的环节。他们距离希尔伯特第十问题的解决只剩下了一步之遥，但这一步却难似登天。

在罗宾逊夫人沉醉于希尔伯特第十问题的那些年里，幼年患病留下的后遗症一再困扰着她。当年的一位医生甚至预言她的心脏机能受损严重，也许活不过 40 岁。这一预测虽然很幸运地由于后来的一次成功的心脏手术而没有成为事实，但每一年的生日，罗宾逊夫人都要在吹熄蜡烛的时候许愿，希望能够看到希尔伯特第十问题的解决——无论谁来解决都可以，但一定要在她有生之年解决。“我无法忍受在不知道答案的情况下离开人世”——这是罗宾逊夫人的话。

时光一年一年地流逝，罗宾逊夫人的愿望一次一次地落空。那手握最后一把钥匙的人究竟在哪里呢？

在那些年，戴维斯也常常被人问到这一问题。当时正是“冷战”时期，对美国人来说世界上最遥远的地方莫过于是俄国。因此，戴维斯总是戏剧性地回答说：“那会是一位聪明的俄国年轻人。”如果戴维斯是一位占星师的话，这句回答足可让他震动天下，因为他每一个字都说对了！一位聪明的俄国年轻人从世界的另一端走上了数学舞台，他的名字叫做马蒂亚塞维奇（Yuri Matiyasevich，1947—　），他将为这根长长的智慧链条扣上最后一环。

五、解决

马蒂亚塞维奇 1947 年出生在苏联的列宁格勒（俄罗斯的圣彼得堡）。他 12 岁时父亲就不幸去世，但家境贫寒的马蒂亚塞维奇凭借优异的数学成绩在苏联的数学竞赛体系中脱颖而出，获得了良好的教育机会。1965 年，在他还在念本科的时候，他的导师马斯洛夫（S. Yu. Maslov，1939—1982 年）就建议他去证明丢番图方程的不可判定性。马斯洛夫在建议时轻描淡写地补充说“这个问题也被称为希尔伯特第十问题，但你不必理会这个”。马蒂亚塞维奇说他对研究这类不可解问题没有经验，马斯洛夫回答说不可解问题没什么大不了的，无非就是把它约化成一个已知是不可解的其他问题。他还告诉马蒂亚塞维奇说有几个美国人曾做过一些研究，但不必理会那些研究，因为它们“很可能是不充分的”。

带着马斯洛夫的建议，马蒂亚塞维奇开始研究起了希尔伯特第十问题。但他的研究并不顺利，他一度误以为已解决了问题，甚至开始准备做报告，结果却发现自己犯了一个错误。经过了一段时间的徒劳无功之后，他开始阅读起“几个美国人”的那些“很可能是不充分的”工作来，但依然没有获得实质性进展，倒是他作为“研究希尔伯特问题的本科生”的名声走红了校园，不时遭来一些善意的取笑。毕业的时间渐渐临近，他只好把这个艰深的问题放在一边，以便可以有时间做一些其他的工作——比如应付毕业论文。

一晃又是几年，到了 1969 年，顽强的罗宾逊夫人又向希尔伯特第十问题发起了一次冲击。这一次虽然还是没有成功，但她为证明罗宾逊猜想提出了一条非常巧妙的思路。罗宾逊夫人的结果发表后，很快有同事把这一消息告诉了马蒂亚塞维奇。但这时的马蒂亚塞维奇早已决定不再把时间浪费在希尔伯特第十问题上了，于是没有理会这一消息。不过，事情接下来的发展变得很富有戏剧性，用马蒂亚塞维奇自己的话说：“在数学天堂的某个角落里必定存在着一位数学之神(或女神)，不想让我错过罗宾逊夫人的新论文。”由于他此前对希尔伯特第十问题的研究，苏联的一份数学评论杂志把罗宾逊夫人的论文寄给了他，让他加以评论。就这样，马蒂亚塞维奇终于还是看到了罗宾逊夫人的论文。

这一看之下他立刻被罗宾逊夫人的思路所吸引，重新投入到了希尔伯特第十问题的研究上来。

在接下来的几个月时间里，马蒂亚塞维奇一直在思索罗宾逊猜想。1969 年在不知不觉间落下了帷幕。在除夕夜的派对上，马蒂亚塞维奇因过于出神，走的时候竟错穿了他叔叔的衣服离去。这样全神贯注的投入终于获得了巨大的成功。1970 年新年到来后的第 4 天，马蒂亚塞维奇成功地证明了罗宾逊猜想，从而一举解决了希尔伯特第十问题。但有了几年前误以为解决希尔伯特第十问题的教训，这一次他把文章交给了马斯洛夫及另一位数学家栗弗席茨(Vladimir Lifshits)，请他们检验，然后携未婚妻出外滑雪度假。两个星期后当他回到学校时，一切都变了，他的论文经受住了以眼光犀利著称的数学家法蒂夫(D. K. Faddeev，1907—1989 年)与马尔科夫(A. A. Markov，1903—

1979年)的检验。

马蒂亚塞维奇成为了希尔伯特第十问题的解决者。

1月29日,马蒂亚塞维奇做了有关他研究成果的第一次公开演讲。那次演讲中的一位听众把这一成果带到了不久之后在新西伯利亚(Novosibirsk)召开的一次数学会议上,而那次会议的出席者中恰好有一位是罗宾逊夫人的同事。就这样,马蒂亚塞维奇解决希尔伯特第十问题的消息很快传遍了数学界。那时候马蒂亚塞维奇还不满23岁,正是一位"聪明的俄国年轻人"。

2月25日,罗宾逊夫人接到了同事的电话,告知她这一消息。那一年的生日,当罗宾逊夫人又将吹熄生日蜡烛时,她停了下来,忽然意识到自己许了这么多年的愿望已经成为了现实,那是一种美妙的感觉。虽然她自己曾经那么地接近答案,却还是失之交臂,但她没有觉得遗憾,因为对于像她那样真正热爱数学的人来说,对数学真理的欣赏远远超越了任何个人的荣誉。在给马蒂亚塞维奇的祝贺信中,罗宾逊夫人这样写道:"让我特别高兴的是,当我想到我最初提出那个猜想的时候,你还是个孩子,而我不得不等待你的长大。"戴维斯也非常兴奋,他在自己的经典著作《可计算性与不可解性》(*Computability and Unsolvability*)的平装本序言中写道:"我一生最大的快乐之一是1970年2月读到马蒂亚塞维奇的工作"。而年轻的马蒂亚塞维奇同样对戴维斯、罗宾逊夫人,以及在解决希尔伯特第十问题的漫长征途中做出贡献的所有前辈数学家表达了深深的敬意。

在20世纪六七十年代那个寒冷的政治冬天里,这些第一流的数学家们用他们的杰出工作划开了"冷战"的冰层,让世人看到了科学的伟大人文力量。按照罗宾逊夫人的说法,这是一种存在于科学家心中的观念,它跨越地理、种族、意识形态、性别、年龄甚至时代而存在,过去、现在及未来的所有数学家们彼此都是同事,他们献身于一个共同的目标,那便是最美丽的科学与艺术。

这是希尔伯特第十问题留给我们最丰厚的精神遗产。

二零零五年八月二十四日写于纽约

附录：丢番图方程

本附录将对希尔伯特第十问题中的一个基本概念——丢番图方程——做简单的介绍，并证明对于研究希尔伯特第十问题来说，把丢番图方程的解限定在整数、正整数及自然数（零及正整数）上是彼此等价的。[①] 这一点我们在第一节的注释（即第134页注①）中提到过，但未予证明。

我们从希尔伯特第十问题的原始表述——即希尔伯特本人的表述——开始讲起：

> 希尔伯特第十问题：给定一个具有任意多个未知数的整系数丢番图方程：寻找一个可以通过有限多次运算（operation）确定该方程是否有整数解的程序（process）。

这里出现的第一个数学概念就是丢番图方程。如我们在第一节中介绍的，这一名称是为了纪念古希腊数学家丢番图[②]。丢番图方程是指未知数只取整数值的代数多项式方程，它的一般形式为

$$P(x_1,x_2,\cdots,x_k)\equiv\sum a_{i_1\cdots i_k}x_1^{i_1}\cdots x_k^{i_k}=0$$

式中，$x_1,x_2,\cdots,x_k$ 为未知数，$a_{i_1\cdots i_k}$ 为常系数，求和对 $i_1,i_2,\cdots,i_k$ 进行。在希尔伯特第十问题中，丢番图方程的所有系数 $a_{i_1\cdots i_k}$ 都是整数，这样的方程叫做整系数丢番图方程。[③]

毫无疑问，具体的丢番图方程的数目是无穷的。丢番图方程的繁简及难

---

① 数学界对自然数是否包含零没有统一的约定，在本文中我们用它来表示零和正整数，不习惯这一用法的读者可以自行改用“非负整数”这一术语。

② 丢番图通常被称为古希腊数学家，但他究竟是不是古希腊人其实略有争议——有人认为他也许是巴比伦人（Babylonian）、犹太人（Jewish）或迦尔底亚人（Chaldean）。

③ 人们提到丢番图方程时通常指的就是整系数丢番图方程，因此“整系数”这一限定语常被省略。

易程度可以天差地别：简单丢番图方程的求解或判断其是否有解是连中学生都可以做到的；而复杂的丢番图方程则可以复杂到令人难以想象的地步，复杂到就算把全世界所有的纸都用上，也无法写下的程度——因为丢番图方程中未知数的个数、它们的最高幂次都是任意的。在很多时候，一个丢番图方程甚至不需要有很多的未知数，不需要有很大的系数，也不需要有很高的幂次，就能使得判定其是否有解变得极其困难。① 丢番图方程的复杂和艰深，使之成为了数论中一个专门的研究领域，被称为丢番图分析(Diophantine analysis)。

有些读者可能会问：既然对特定丢番图方程(比如费马大定理所涉及的丢番图方程)是否有解的判定就已如此困难，动辄花费数学家们几百年的时间，那希尔伯特要大家研究一般丢番图方程是否有解，其胃口是不是太大了一点？的确，希尔伯特把这个问题列入他的讲稿曾经令一些数学家感到意外。但是，事情——尤其是数学上的事情——有时就是那么奇妙，把一大堆极其困难的个体问题合在一起，研究其群体的性质有时反而会有意想不到的优势。当然，希尔伯特是否是因为考虑到了这一点而“狮子大开口”，后人不得而知，但希尔伯特第十问题的最终解决似乎印证了这种有意思的情形。②

在希尔伯特的表述中，他要求大家寻求的是确定丢番图方程是否有整数解的程序。但后世的数学家们在研究希尔伯特第十问题的时候，通常把解限制在正整数或自然数的范围内。为什么可以作这种限制呢？我们现在就来证明一下。

我们首先可以证明，倘若存在一个确定丢番图方程是否有自然数解的程

---

① 比如费马大定理只含有三个未知数，系数皆小，却花费了数学家们300多年的时间才得以证明；欧拉四次方假设(Euler quartic conjecture)——它猜测 $x^4+y^4+z^4=w^4$ 没有正整数解——所含的幂次只有四次，系数也皆小，却花费了数学家们200多年的时间才得以否证。

② 不过，希尔伯特第十问题的解决并不意味着解决了所有具体丢番图方程的求解或判定其是否有解的问题，这一点是需要注意的。

序，则必定也存在一个确定丢番图方程是否有整数解的程序。这是因为要确定丢番图方程 $P(x_1,x_2,\cdots,x_k)=0$ 是否有整数解，只要逐一检验 2^k 个丢番图方程(每个未知数带正负两种可能的符号，k 个未知数共计有 2^k 种组合)：

$$P(x_1,x_2,\cdots,x_k)=0$$

$$P(-x_1,x_2,\cdots,x_k)=0$$

……

$$P(x_1,x_2,\cdots,-x_k)=0$$

是否有自然数解即可，如果这 2^k 个丢番图方程中任何一个有自然数解，则 $P(x_1,x_2,\cdots,x_k)=0$ 必定有整数解；反之，倘若这 2^k 个丢番图方程没有一个有自然数解，则 $P(x_1,x_2,\cdots,x_k)=0$ 必定没有整数解。因此，存在一个确定丢番图方程是否有自然数解的程序，就必定也存在一个确定丢番图方程是否有整数解的程序。

然后我们再证明，倘若存在一个确定丢番图方程是否有整数解的程序，则必定也存在一个确定丢番图方程是否有自然数解的程序。这里我们要用到一个简单的数学定理，即拉格朗日四平方定理(Lagrange's four-square theorem)。这个定理表明任何一个自然数都可以表示成不超过四个整数的平方之和。运用这个定理，我们可以把对 $P(x_1,x_2,\cdots,x_k)=0$ 是否存在自然数解的判定约化为对包含 $4k$ 个自变量 $a_1,\cdots,d_k$ 的丢番图方程

$$P(a_1^2+b_1^2+c_1^2+d_1^2,a_2^2+b_2^2+c_2^2+d_2^2,\cdots,a_k^2+b_k^2+c_k^2+d_k^2)=0$$

是否存在整数解的判定。因此存在一个确定丢番图方程是否有整数解的程序，就必定也存在一个确定丢番图方程是否有自然数解的程序。

这样，我们就证明了对于研究希尔伯特第十问题来说，把丢番图方程的解限定在整数及自然数上是彼此等价的。将这一等价性扩展到包含正整数是极其容易的(请读者自行完成)。这样我们就证明了在研究希尔伯特第十问题(或介绍希尔伯特第十问题)时把解限制在自然数或正整数范围内的合理性。

在本附录的最后，我们还要来证明这样一点：那就是如果存在一个确定丢番图方程在某个范围(比如整数、正整数及自然数等)内是否有解的程序，则

同一程序也可以用来确定任意丢番图方程组在同一范围内是否有解。证明很简单：因为丢番图方程组 $P_i(x_1,x_2,\cdots,x_k)=0(i=1,2,\cdots,n)$ 在某一范围内有解的充要条件为丢番图方程 $P_1^2+P_2^2+\cdots+P_n^2=0$ 在同一范围内有解。因此，人们在对丢番图方程做一般讨论的时候，事实上已经把丢番图方程组也包含在内了。

二零零五年十月十三日写于纽约

黎曼猜想浅说[①]

一

2000 年 5 月 24 日，美国克雷数学研究所(Clay Mathematics Institute)在法国巴黎召开了一次数学会议。在会议上，与会者们列出了七个数学难题，并作出了一个颇具轰动性的决定：为每个难题设立 100 万美元的巨额奖金。距此次会议 100 年前的 1900 年，也是在巴黎，也是在一次数学会议上，一位名叫希尔伯特(David Hilbert)的德国数学大师也列出了一系列数学难题。那些难题一分钱的奖金都没有，但对后世的数学发展产生了深远影响。这两次远隔一个世纪遥相呼应的数学会议除了都在巴黎召开外，还有一个共同之处，那就是在所列出的难题之中，有一个——并且只有一个——是共同的。

那个难题就是"黎曼猜想"(Riemann hypothesis)。

---

① 本文曾发表于 2012 年 3 月 8 日和 15 日的《南方周末》，发表稿经编辑修改，发表时的标题分别为《素数之魂——黎曼和他的伟大猜想》和《十万亿个证据不如一个证明——猜猜黎曼猜想的命运》。

黎曼猜想顾名思义，是由一位名叫黎曼(Bernhard Riemann)的数学家提出的，那位数学家于 1826 年出生在如今属于德国，当时属于汉诺威王国(Kingdom of Hanover)的一座名叫布列斯伦茨(Breselenz)的小镇。1859 年，黎曼被选为了柏林科学院的通讯院士。作为对这一崇高荣誉的回报，他向柏林科学院提交了一篇题为《论小于给定数值的素数个数》的论文。那篇只有短短八页的论文就是黎曼猜想的“诞生地”。

黎曼那篇论文所研究的是一个数学家们长期以来就很感兴趣的问题，那就是素数的分布。素数是像 2、5、19、137 那样除了 1 和自身以外不能被其他正整数整除的数。这些数在数论研究中有着极大的重要性，因为所有大于 1 的正整数都可以表示成它们的乘积。从某种意义上讲，它们在数论中的地位类似于构筑万物的原子在物理世界中的地位。素数的定义简单得可以在中学，甚至小学课上进行讲授，但它们的分布却奥妙得异乎寻常，数学家们付出了极大的心力，却迄今未能彻底了解。黎曼那篇论文的一个重大成果，就是发现素数分布的奥秘完全蕴藏在一个特殊的函数之中——尤其是，使那个函数取值为零的一系列特殊的点对素数分布的细致规律有着决定性的影响。那个函数如今被称为黎曼 ζ 函数，那一系列特殊的点则被称为黎曼 ζ 函数的非平凡零点(下文中有时将简称其为零点)。

有意思的是，黎曼那篇论文的成果虽然重大，文字却极为简练，甚至简练得有些过分，因为它包括了很多“证明从略”的地方。而要命的是，“证明从略”原本是该用来省略那些显而易见的证明的，黎曼的论文却并非如此，他那些“证明从略”的地方有些花费了后世数学家们几十年的努力才得以补全，有些甚至直到今天仍是空白。

黎曼为什么要把那么多并非显而易见的证明从略呢？我们无法确知，也许是因为它们对于他来说确实是显而易见的，也许是因为不想花太多时间来撰写文章。但有一点基本可以确定，那就是他的“证明从略”绝不是类似于调皮学生蒙混考试的做法，而且很可能也并不是把错误证明当成正确的盲目乐观——后者在数学史上不乏先例，比如法国数学家费马(Pierre de Fermat)在写下费马猜想时所表示的“我发现了一个真正出色的证明，可惜页边太窄写不下来”就基本已被数学界认定是把错误证明当成正确的盲目乐观。因为人们后来从黎曼的手稿中发现他对许多论文中从略了的证明是做过扎实研究的，而且那些研究的水平之高，甚至在隔了几十年之后被整理出来时，有时也仍具有极大的领先性。

但黎曼的论文在为数不少的“证明从略”之外，却引人注目地包含了一个他明确承认自己无法证明的命题，那个命题就是黎曼猜想。

那么，黎曼猜想究竟是一个什么猜想呢？简单地说，是一个关于我们前面提到的，对素数分布的细致规律有着决定性影响的黎曼 ζ 函数的非平凡零点的猜想。关于那些非平凡零点，容易证明的结果只有一个，那就是它们都分布在一个带状区域上，但黎曼认为它们的分布要比这个容易证明的结果齐整得多，他猜测它们全都位于该带状区域正中央的一条直线上，这就是所谓的黎曼猜想。而这条被猜测为包含黎曼 ζ 函数所有非平凡零点的直线则被称为临界线。

二

黎曼猜想自 1859 年“诞生”以来，已经过了一百五十多个春秋。在这期间，它就像一座巍峨的山峰，吸引了无数数学家前去攀登，却谁也没能登顶。当然，如果仅从时间上比较的话，黎曼猜想的这个纪录跟费马猜想时隔三个半世纪以上才被解决，以及哥德巴赫猜想历经两个半世纪以上仍屹立不倒相比，还差得很远。但黎曼猜想在数学上的重要性却要远远超过这两个大众知名度更高的猜想。有人统计过，在当今数学文献中已有超过一千条数学命题以黎曼猜想(或其推广形式)的成立为前提。这意味着：如果黎曼猜想及其推广形式被证明，所有那些数学命题就全都可以荣升为定理；反之，如果黎曼猜想被否证，则那些数学命题中起码有一部分恐将成为陪葬。一个数学猜想与为数如此众多的数学命题的命运息息相关，是极为罕有的。

不过，数学家们攀登黎曼猜想这座巍峨山峰的努力虽迄今未能取得完全成功，在这过程中却也取得了一些阶段性成果，好比是扎下了几座营寨。

这其中第一个阶段性成果出现在黎曼猜想问世 37 年后的 1896 年。我们在前面提到过，关于黎曼 ζ 函数的非平凡零点，容易证明的结果只有一个，那就是它们都分布在一个带状区域上。那个阶段性成果是什么呢？就是将那个带状区域的边界剔除掉了——也就是说，黎曼 ζ 函数的非平凡零点只分布在那个带状区域的内部，而不包括边界。这个成果是由法国数学家哈达玛(Jacques Hadamard)与比利时数学家普森(Charlesdela Vallée-Poussin)彼此独立地取得的。

粗看起来，这似乎是很微不足道的成果，一个带状区域的边界跟它的内部相比，从面积上讲比例实际上是零。但是别小看了这个成果，它对于研究黎曼猜想来说只是一小步，对于研究另一个数学猜想来说却是巨大的飞跃，因为它直接导致了后者的证明。那个数学猜想如今已被称为素数定理(prime number theorem)，它所描述的是素数的大范围分布规律。素数定理自被提出以来悬而未决已超过一百年，在当时乃是一个比黎曼猜想更令数学界期待的东西。

在上述成果之后又隔了 18 年，1914 年，丹麦数学家玻尔(Harald Bohr)与德国数学家兰道(Edmund Landau)取得了另一个阶段性成果，那就是证明了黎曼 ζ 函数的非平凡零点倾向于“紧密团结”在临界线的周围。这个结果用数学语言来说，就是包含临界线的无论多么窄的带状区域都包含了黎曼 ζ 函数的几乎所有的非平凡零点。不过“紧密团结”归“紧密团结”，这一结果却不足以证明任何一个零点恰好就在临界线上，因此它距离黎曼猜想的要求仍然相差很远。

但就在那同一年，另一个阶段性成果出现了：英国数学家哈代(Godfrey Hardy)终于将“红旗”插上了临界线——他证明了黎曼 ζ 函数有无穷多个非平凡零点位于临界线上。粗看起来，这似乎是一个非同小可的结果，因为黎曼 ζ 函数的非平凡零点总共就是无穷多个，而哈代证明了有无穷多个零点位于临界线上，从字面上看，两者已经一模一样了。可惜的是，“无穷”乃是数学中一个很微妙的概念，同样是无穷，彼此却未必是一回事，不仅未必是一回事，简直可以要差多远就差多远，甚至差无穷远！因此，为了知道哈代的结果离黎曼猜想的要求还有多远，我们需要更具体的结果。

那样的具体结果出现在 7 年后的 1921 年。那一年，哈代与英国数学家李特伍德(John Littlewood)合作，对自己 7 年前那个结果中的“无穷”做出了具体估计。那么，按照他们的具体估计，那已被证明为位于临界线上的“无穷多个非平凡零点”跟全部非平凡零点相比，究竟占多大的百分比呢？答案可能沮丧得出乎读者们的意料：百分之零！

数学家们将这个百分比推进到一个大于零的数字是在 21 年后的 1942 年。那一年，挪威数学家赛尔伯格(Atle Selberg)终于证明了这个百分比大于零。赛尔伯格做出这项成果时正值第二次世界大战的硝烟在欧洲各地弥漫，他所在的挪威奥斯陆大学几乎成了一座孤岛，连数学期刊都无法送达。但赛尔伯格并不在乎，他表示“这就像处在一座监狱里，你与世隔绝了，但你显然有机会把注意力集中在自己的想法上，而不会因其他人的所作所为而分心，从这个意义上讲我觉得那种情形对于我的研究来说有许多有利的方面”。赛尔伯格很好地利用了那“许多有利的方面”，孤独地进行着“一个人的战斗”，并最终取得了成果，他的成果是如此显著，以至于玻尔在战后曾戏称说战时整个欧洲的数学新闻可以归结为一个词，那就是：赛尔伯格。

不过赛尔伯格虽然证明了那个百分比大于零，却并没有在论文中给出具体数值。在赛尔伯格之后，数学家们开始对这一比例的具体数值进行研究，其中以美国数学家列文森(Norman Levinson)的成果最为显著，他证明了至少有 34％的零点位于临界线上。列文森取得这一成果是在 1974 年，那时他已年过花甲，并且行将走到生命的尽头(他第二年就去世了)，却依然顽强地从事着数学研究。在列文森之后，这方面的推进变得十分缓慢，几位数学家费尽九牛二虎之力也只能在百分比的第二位数字上做文章，其中包括中国数学家楼世拓与姚琦(他们于 1980 年证明了至少有 35％的零点位于临界线上)。直到

1989年，才有人撼动百分比的第一位数字：美国数学家康瑞(Brian Conrey)证明了至少有40%的零点位于临界线上。这也是这方面——并且也是整个黎曼猜想研究中——最强的结果之一，这方面的努力仍在继续。

另外值得一提的是，“黎曼猜想”这一金字招牌后来被推而广之，用来表示一些“山寨版”和“豪华版”的猜想。那些猜想为什么能跟黎曼猜想共享招牌呢？因为它们跟黎曼猜想有极大的相似性，比如都有一个跟黎曼ζ函数相类似的函数，那个函数具有与黎曼ζ函数相类似的性质，等等。在那些猜想中，“豪华版”黎曼猜想乃是一些比黎曼猜想更强的猜想(即上文提到过的黎曼猜想的推广形式)，它们跟黎曼猜想一样，迄今尚未得到证明(这是显然的，否则的话黎曼猜想作为其特例也就被证明了)；“山寨版”黎曼猜想则是跟黎曼猜想有相似性却互不包含的猜想，它们已全部得到了证明，而且撇开我们所取不中听的绰号不论，它们的证明乃是数学上的重大成果，既催生过新数学方法的诞生，也为证明者摘取过数学界的最高奖——菲尔茨奖(Fields medal)。而且，“山寨版”黎曼猜想作为唯一挂着黎曼猜想这一金字招牌却被证明了的猜想，曾使人们对久攻不下的黎曼猜想也一度乐观起来。可惜他山之石，并不总是可以攻玉的。从目前的情况来看，“山寨版”黎曼猜想就只能在“山寨”里玩玩，它们的证明虽然重要，对于解决真正的黎曼猜想却并无实质性的启示。

三

聊了这么多关于黎曼猜想的研究成果，我们稍稍换换口味，来聊一些数学家的故事吧。也许在很多人眼里，数学是一门很枯燥的学问，数学家们则是一群性格乏味的怪人。但实际上，富有智慧的人往往是不会真正乏味的，数学家们也是如此，他们在埋头演算的勤恳之外，也给我们留下了许多独特的幽默。

匈牙利数学家波利亚(George Pólya)曾经讲过一个跟黎曼猜想有关的小故事，故事的主角就是我们前面提到过的英国数学家哈代与丹麦数学家玻尔。这两位在黎曼猜想研究中作出过成果的数学家当然都对黎曼猜想怀有浓厚的兴趣。有一段时间，哈代常常利用假期访问玻尔，一起讨论黎曼猜想，直到假期将尽才匆匆赶回英国。结果有一次，当哈代又必须匆匆赶回英国时，很不幸地发现码头上只剩下一条小船可以乘坐了。从丹麦到英国要跨越几百公里宽的北海(North Sea)，在汪洋大海中乘坐小船可不是闹着玩的事情，弄不好就得葬身鱼腹。为了旅途的平安，信奉上帝的乘客们大都忙着祈求上帝的保佑。哈代却是一个坚决不信上帝的人，非但不信，甚至还蓄意跟上帝作对：把向大众证明上帝不存在列入自己某一年的年度心愿之一。不过在那生死攸关的旅程面前哈代也没闲着，他给玻尔发去了一张简短的明信片，上面只写了一句话："我已经证明了黎曼猜想。"哈代果真证明了黎曼猜想吗？当然不是。他为什么要发这么一张忽悠同事的明信片呢？当他平安抵达英国后他向玻尔解释了原因。他说如果那次他所乘坐的小船果真沉没了的话，那句话就会变得死无对证，人们就只好相信他确实证明了黎曼猜想。可是他知道上帝是绝不会甘心让他这样一个坚决不信上帝的人获得如此巨大的荣誉的，因此它一定不会让小船沉没的。

哈代凭借自己的幽默成为了故事主角，有些数学家则是因为其他数学家的幽默而被动地成为了故事主角，我们前面提到过的法国数学家哈达玛与比利时数学家普森就是如此。这两人成为主角的原因大家恐怕是猜不到的，那是因为他们的长寿：哈达玛享年 98 岁，普森活到 96 岁。这两个令人眼红的岁数不知从何时起引发了一个传说，那就是：谁要是能证明黎曼猜想，他就能不朽——不是抽象意义上的不朽(那是毫无疑问的)，而是实际意义上的不朽(即长生不老)！不过这个传说的炮制者看来是没有关怀到玻尔和兰道，他们的研究成果可比哈达玛和普森的成果强多了，照说起码也该混个百岁老人当当吧。结果呢？兰道只活了 61 岁，玻尔稍胜一筹，也只有 63 岁。可能是意识到这个传说漏洞太大，出生于波兰的数学家欧德里兹科(Andrew Odlyzko)把幽默指向了另一个方向，提出了一个完全相反的说法，那就是：谁要是否证了黎曼猜想，他就会立刻死去！欧德里兹科甚至开玩笑说其实黎曼猜想已经被否证了，只不过那个否证了黎曼猜想的倒霉蛋没来得及发表论文就死去了。

当然，这些都只能作为饭后茶余的谈资而不宜较真。不过，一个极度艰深的东西对投入得过于深入的人产生健康方面的影响，倒并不是毫无可能的。数学界也确实有人猜测，黎曼猜想的极度艰深有可能对个别数学家的健康产生过影响。比如流行传记《美丽心灵》的主角、美国数学家纳什(John Nash)曾在20世纪50年代后期研究过黎曼猜想，在那之后不久就患上了精神分裂症。纳什患病的原因一般认为是参与军方工作引致的心理压力，但也有人认为他贸然去啃黎曼猜想那样的坚果，对其病症发展有可能起到过推波助澜的作用。

黎曼猜想可以说是当今数学界最重要，并且是数学家们最期待解决的数学猜想。美国数学家蒙哥马利(Hugh Montgomery)曾经表示，如果有魔鬼答应让数学家们用自己的灵魂来换取一个数学命题的证明，多数数学家想要换取的将会是黎曼猜想的证明。在探索黎曼猜想的过程中，很多数学家曾经满怀信心，渐渐地却被它的艰深所震动，态度转为了悲观。我们前面提到过的李特伍德就是一个例子，当他还是学生的时候，他的导师就随手把黎曼 ζ 函数写给了他，让他利用暑假时间研究其零点位置。初出茅庐的李特伍德也不当回事地领命而去。后来他与哈代倒也果真在这方面做出了成果。但渐渐地，他的态度发生了变化，甚至表示："假如我们能够坚定地相信这个猜想是错误的，日子会过得更舒适些。"曾经在"山寨版"黎曼猜想研究上做出过成果的法国数学家韦伊(André Weil)也有过类似的态度转变。当他在"山寨版"黎曼猜想研究上做出成果时，曾经与一些其他人一样对解决黎曼猜想燃起了信心，还表示如果自己证明了黎曼猜想，会故意推迟到猜想提出100周年(即1959年)时才公布——言下之意，自己不迟于1959年就有可能解决黎曼猜想。不过，岁月渐渐磨去了他的乐观，他晚年时曾对一位友人承认，自己有生之年不太可能看到黎曼猜想的解决。就连本文开头提到的那位德国数学大师希尔伯特，他对黎曼猜想的看法也经历了从乐观到悲观的转变。在1919年的一次演讲中，希尔伯特曾表示自己有望见到黎曼猜想的解决，但后来他的态度显著地转为了悲观。据说有人曾经问他：如果他能在500年后重返人间，他最想问的问题是什么？他回答说是：是否已经有人解决了黎曼猜想？

接下来，我们将介绍人们从另一个方向探索黎曼猜想的故事，我们将会看到，那里不仅也有故事，而且还有一些非常出人意料的东西。

四

黎曼那篇提出了黎曼猜想的著名论文除了有许多“证明从略”的地方外，还有一个很突出的特点，那就是它虽然反复涉及了黎曼 ζ 函数的非平凡零点，甚至还提出了与零点分布有关的一系列命题（包括大名鼎鼎的黎曼猜想），却没有举出哪怕一个具体的例子——即没有给出哪怕一个零点的数值。而且与那些“证明从略”的地方并非容易证明同样要命的是，黎曼不曾给出的那些零点的数值也并非轻易就能计算得了的。事实上，直到黎曼那篇论文发表 44 年后的 1903 年，才有人填补了这方面的空白：丹麦数学家格兰姆（Gørgen Gram）计算出了 15 个零点的数值。这是人们首次窥视到黎曼 ζ 函数非平凡零点的具体存在。当然，那 15 个零点全都位于黎曼猜想所预言的临界线上。

与我们在第二节中介绍的理论研究中的层层推进基本平行，数学家们计算零点的漫长征途，也呈现出了层层推进的态势。但这推进过程在起初一段时间里却显得极为缓慢，直到 1925 年，才计算出了区区 138 个零点，而且在那之后陷入了停顿。为什么会陷入停顿呢？原因很简单，就是当时计算零点的方法比较笨拙，致使计算量过于巨大。而当时的计算又全靠手工，零点数目一多，计算量就大到了令人难以应付的程度。

既然是计算方法的笨拙使计算陷入了停顿，那么很显然地，计算的重新启动需要有新的计算方法。这新的计算方法在 7 年后的 1932 年终于“出土”了——我没有写错，确实是“出土”，因为它是从早已去世了的黎曼的手稿中“挖”出来的！

黎曼那个时代的一些著名数学家有一个今天的数学家们很少效仿、今天的读者很难理解的特点，那就是常常不发表自己的研究成果。由于这个特点，那些数学家的手稿有着比普通名人用品所具有的单纯的猎奇价值重要得多的意义，因为从中有可能发现一些他们未曾发表过的研究成果。黎曼的手稿就是如此。不过令人惋惜的是，黎曼的手稿在他去世后有很大一部分被他的管家付之了一炬，只有一小部分被他妻子抢救了出来。在劫后余生的手稿中，又有一部分被他妻子以涉及私人信息为由"克扣"掉了(其中包括许多几乎通篇都是数学，只夹带了极少量私人信息的手稿)，剩下的才是后人真正可以查阅的。那些可供查阅的手稿被收录于哥廷根大学的图书馆。

不过，那部分手稿虽然可供查阅，但只要想想黎曼公开发表的文章尚且如此艰深，动辄花费后世数学家几十年的时间才能填补空白，就不难想象研读他的手稿会是什么感觉了。黎曼的研究领域极为宽广，手稿中常常诸般论题混杂，而且几乎没有半句说明。自黎曼的手稿被存放于哥廷根大学图书馆以来，陆续有一些数学家及数学史学家慕名前去研究，但在那极度的艰深晦涩面前，大都满怀希望而来，却两手空空而去。黎曼的手稿就像一本高明的密码本，牢牢守护着这位伟大数学家的思维奥秘。

但到了 1932 年，终于有一位数学家从黎曼的手稿中获得了重大发现——发现黎曼不仅亲自计算过若干个零点的数值，而且还有自己独特的、直到"出土"之日仍遥遥领先于当时数学界的计算方法。这一发现为黎曼 ζ 函数非平凡零点的计算带来了脱胎换骨般的变化，让停滞在第 138 个零点上的计算重新启动。当然，这一发现也进一步提高了黎曼那原本就已极为崇高的声望，在很大程度上驱散了一些数学家对黎曼论文中那些"证明从略"部分的怀疑。因为它表明黎曼那篇高度简练的论文只是冰山的尖顶，在那下面有着大量扎实的研究。那么，发现这一切的人是谁呢？是黎曼的一位同胞：德国数学家西格尔(Carl Ludwig Siegel)。为了从天书般的黎曼手稿中"出土"公式，西格尔付出了艰辛的努力。为了表彰他的努力，人们将这一计算黎曼 ζ 函数非平凡零点的新方法称为了黎曼-西格尔公式(Riemann-Siegel formula)。

黎曼-西格尔公式的"出土"大大推进了零点计算。在短短几年间，数学家们就把零点计算推进了一个数量级，达到了 1 000 个以上的零点。虽然随后爆发的第二次世界大战中断了零点计算，但战后计算机技术的发展，又使得零点计算呈现出了井喷势头：从 1956 年到 1969 年的十几年间，被计算出的零点数目又推进了好几个数量级，从 25 000 个推进到了 3 500 000（350 万）个。当然，所有这些零点也都无一例外地位于黎曼猜想所预言的临界线上。说到这里顺便提醒读者一下，我们这里及下文所说的零点计算除早期那些小规模的计算外，大都只是验证零点是否在临界线上，而并不计算它们的具体数值。

验证了 350 万个零点全部位于临界线上，无疑大大增强了数学家们对黎曼猜想的信心。不过，不相信的也还是大有人在。比如德国普朗克数学研究所（Max Planck Institute for Mathematics）的一位名叫查基尔（Don Zagier）的数学家对这种验证就不以为然。在他看来，区区 350 万个零点根本不说明问题。他的这种不以为然很快遇到了对手：一位对黎曼猜想深信不疑的铁杆"粉丝"。这位"粉丝"名叫蓬皮埃利（Enrico Bombieri），是著名的意大利数学家。两人一个疑心重重、一个深信不疑，谁也不服谁。怎么办呢？查基尔提议打赌。说起来，其实查基尔对黎曼猜想倒也并非全然不信，而且也并非一味轻视对零点的数值计算，他只是觉得 350 万个零点实在太少了，不足以让他信服。那么，要计算多少个零点才能让他信服呢？他开出的数目是 3 亿个。于是两人就以这个数目为限订下了赌约：如果黎曼猜想在前 3 亿个零点中出现反例，就算查基尔获胜；反之，如果黎曼猜想被证明，或者虽然没被证明，但在前 3 亿个零点中没有出现反例，则算蓬皮埃利获胜。赌注为两瓶葡萄酒。

初看起来，相对于已经计算出的 350 万个零点来说，查基尔的 3 亿个零点简直就是"狮子大开口"，查基尔自己也估计这个赌局也许要花上 30 年的时间才能分出胜负。可是他显然跟那个时代的多数其他人一样，大大低估了计算机技术的发展速度。事实上，离赌局的设立还不到 10 年，1979 年，零点计算就被推进到了 8 100 万个。不久之后，又被推进到了两亿个，距离赌局的终结只剩下了一步之遥，而形势则对查基尔极为不利——因为那两亿个零点全都位于临界线上。

不过，计算出那两亿个零点的数学家对查基尔的赌局一无所知，在计算完两亿个零点后就停了下来，这一点让查基尔大大地松了一口气。可惜，他这口气没能松太久，因为他的一位朋友恰好访问了那位数学家，不仅将赌局之事告诉了后者，还进行了一番鼓动。后者一听零点计算还有这么重大的意义，就立刻展开了新的计算，一鼓作气推进到了 3 亿个零点——当然，黎曼猜想岿然不动。

查基尔输了，他兑现诺言买来了两瓶葡萄酒。蓬皮埃利当场打开其中一瓶与他共饮。他们喝掉的这瓶葡萄酒用查基尔的话说，是世界上被喝掉的最昂贵的葡萄酒，因为正是为了以它为赌注的那个赌局，数学家们特意多计算了一亿个零点，为此花费了约 70 万美元的计算经费。也就是说，被他们喝掉的这瓶葡萄酒是用 35 万美元的经费换来的！喝完了这瓶葡萄酒，查基尔从此也对黎曼猜想深信不疑了。

在查基尔和蓬皮埃利的赌局之后，像查基尔那样看重零点计算、以此决定自己对黎曼猜想信任度的数学家越来越少了；像验证 3 亿个零点那样愿意把巨额经费投入到零点计算中的人也越来越少了。不过对零点的计算并没有就此终止。2001 年，一位名叫魏德涅夫斯基（Sebastian Wedeniwski）的德国研究者创立了一种崭新的计算模式：分布式计算，即利用彼此联网的许多台计算机来共同计算零点。这个分布式计算系统建成之后，不久就被推向了互联网，吸引了世界各地大量数学和计算机爱好者的参与，联网计算机的数目很快就稳定在了 10 000 台以上，每天计算出的零点数目在 10 亿个以上。至于经费，则基本可以忽略不计，因为参与者都是自愿而无偿地贡献出自己的计算资源的。

到了 2004 年末时，魏德涅夫斯基的分布式计算系统所计算出的零点总数逼近了一个激动人心的数目：一万亿个。眼看着一次辉煌庆典已指日可待，不料却从法国传来了一个令人吃惊的消息：两位法国人完成了对 10 万亿个零点的计算，比他们翘首期待的 1 万亿个高出了整整一个数量级！更令人吃惊的是，这两位法国人完成这一工作所用的计算资源居然只是几台普通的计算机，所花费的时间也只有一年多。此时此刻，这样的一则消息对于魏德涅夫斯基来说无疑是当头一棒，结果庆典变成了谢幕，魏德涅夫斯基在不久之后关闭了整个系统。此情此景，犹如九十多年前英国探险家斯科特(Robert Falcon Scott)挺进南极的经历：当他们历经艰辛、即将抵达南极点时，却发现挪威探险家阿蒙森(Roald Amundsen)已经捷足先登(斯科特及同伴后来在黯然返回的途中全部遇难)。

两位法国人凭借几台普通计算机一年多的工作，居然超过了全世界上万台联网计算机几年的工作，而且超过了整整一个数量级，这是什么缘故呢？是因为他们采用了一种比黎曼-西格尔公式更高明的计算方法。这一计算方法是出生于波兰的数学家欧德里兹科(Andrew Odlyzko)与合作者肖恩哈格(Arnold Schönhage)于1988年所提出的。

五

欧德里兹科为什么会研究零点计算的算法呢？这也牵扯到一段故事，而且是很有意思的故事。当然，表面上的原因是跟所有其他从事零点计算的人一样的，那就是因为他对零点计算很感兴趣。不过，他那兴趣的由来跟其他人有所不同，其他人的兴趣大都来自于对黎曼猜想本身的兴趣，他却是因为听了美国数学家蒙哥马利(Hugh Montgomery)的一个并非直接针对黎曼猜想的研究报告，才从事零点计算，并研究零点计算的算法的。蒙哥马利那个报告所介绍的是一项很独特的研究，即研究黎曼 ζ 函数非平凡零点在临界线上的分布规律。他的研究表明，在适当的假设——其中包括假设黎曼猜想成立——下，可以证明黎曼 ζ 函数的非平凡零点在临界线上的分布呈现出一种相互排斥的趋势(即倾向于彼此远离)，这个趋势可以用一个不太复杂的数学公式来描述。

蒙哥马利自20世纪70年代初就开始研究黎曼 ζ 函数非平凡零点在临界线上的分布规律了。他发现了规律，并且因为那规律不太复杂而直觉地感到在其背后应该蕴含着某种玄机。为了揭开那玄机，他特意访问了普林斯顿高等研究院。在那里，他"觐见"了黎曼猜想研究的元老赛尔伯格。可惜就连赛尔伯格也看不透那规律背后的玄机。不过，在高等研究院那样一个名家云集的地方，随时都有可能出现意想不到的学术交流。蒙哥马利在最有希望得到信息的赛尔伯格那里不曾得到有价值的信息，却在高等研究院的茶室里偶遇了一位物理学家。那位物理学家名叫戴森(Freeman Dyson)，是一位研究领域很宽广的人物，当他在和蒙哥马利的攀谈中获知后者所发现的这个零点在临界线上的分布规律时，登时就吃了一惊。因为他想起了自己十多年前的一系列研究。那些研究跟黎曼 ζ 函数的非平凡零点没有半点关系，但在那些研究中，他却得到过同样的分布规律！

戴森十多年前所研究的是什么呢？是从一些极为复杂的物理体系——比如复杂原子核——中抽象出来的问题。处理那种问题所用的是一类特殊的统计物理手段，而其中一个典型的课题则是研究复杂体系中能量的分布——物理学家们称为能级分布。戴森曾经得到过那种分布的具体形式，它除了可以描述能级外，还出现在了许多其他复杂的物理现象中。而现在，从蒙哥马利所从事的纯数学研究中，他居然再次见到了同样的分布，这实在是大大出乎他意料的事情。

几年之后，蒙哥马利再次来到普林斯顿，并作了一次研究报告——即欧德里兹科所听到的报告。在报告中，他除了介绍自己的研究外，还提到了他和戴森所发现的这种数学与物理之间的奇怪联系。这一切引起了欧德里兹科的浓厚兴趣，使他决定通过大规模零点计算来验证蒙哥马利所发现的零点在临界线上的分布规律。从 20 世纪 80 年代末到 20 世纪 90 年代初，欧德里兹科利用他和合作者肖恩哈格所提出的新算法，完成了几批大规模的零点计算，结果非常漂亮地证实了蒙哥马利所提出的零点在临界线上的分布规律。考虑到蒙哥马利的结果是在假设黎曼猜想成立的基础上得到的，因此这种证实也可以在一定程度上被视为是对黎曼猜想的间接支持。

不过，所有这些都没有解决一个最根本的问题，那就是像黎曼 ζ 函数非平凡零点在临界线上的分布这样最纯粹的数学性质，为什么会跟像复杂原子核的能级分布那样最现实的物理现象扯上关系？这种神奇的关联本身又预示着什么呢？这两个问题直到今天也没有完全的答案。但有意思的是，在半个多世纪前，却有两位数学家曾经提出过一个猜想——一个与蒙哥马利、戴森、欧德里兹科所发现并证实的这种数学与物理间近乎离奇的联系遥相呼应的猜想。那两位数学家的名字我们在前文中曾经提到过，一位是希尔伯特，一位是波利亚，那个猜想则被称为希尔伯特-波利亚猜想，它是对黎曼 ζ 函数非平凡零点分布的猜测，其中赫然包括了猜测它们与某个物理体系的能级相对应的可能性！

不过这个希尔伯特-波利亚猜想本身也颇有一些离奇的地方，因为当人们因蒙哥马利、戴森、欧德里兹科的研究而对它发生兴趣，试图追溯它的起源时，却惊讶地发现无论是希尔伯特还是波利亚，居然都不曾在任何文字之中述及过这个猜想。难道这个猜想根本就是子虚乌有的传说？幸运的是，94 岁高龄的当事人波利亚那时仍健在，他在一封信件中以个人回忆的方式肯定了这一猜想的存在性。但早已去世的希尔伯特在什么场合下提出过这一猜想，却很可能将成为数学史上一个永久的谜团了。

六

介绍了这许多有关黎曼猜想的研究，有一个问题想必很多读者都会关心，那就是黎曼猜想的终极命运将会如何？它是会被证明呢？还是会被推翻（否证）？对于这个有关黎曼猜想“前途命运”的大悬念，数学家们各有各的看法。

有些数学家相信黎曼猜想是对的，比如那位输掉了葡萄酒的查基尔自赌局告负之后就对黎曼猜想深信不疑。他相信黎曼猜想的理由很“纯朴”，那就是数值证据已经够强了。读者们想必还记得，他当时要求的数值证据是 3 亿个零点，现在的证据已经超过了 10 万亿个，远远超出了他的要求。因此，他的相信是有理由的。不过，由于零点有无穷多个，实际上再多的数值证据也是微不足道的。而且在数学上有过这样的例子，即一个被否证了的数学命题的数值反例出现在极遥远的地方，远远超出数值证据所能触及的范围。黎曼猜想会不会也是如此呢？谁也说不准。当然，支持黎曼猜想的证据不仅仅来自数值计算，还有我们介绍过的大量其他研究，其中包括至少有40%的非平凡零点位于临界线上那样颇为可观的结果。相信黎曼猜想的数学家们也可以从那些方面获得信心。

有些数学家则认为黎曼猜想是错的。面对黎曼猜想所得到的如此海量的支持，选择那样的立场当然是要理由的。这其中一条打不倒的理由就是：所有支持都不是证明。确实，对于像黎曼猜想这样的数学命题来说，要想证明它成立，必须"一个都不能少"地涵盖所有的零点，缺一丁点儿都不行。但反过来，要想推翻它，却只要找到一个反例——即一个不在临界线上的非平凡零点——就足够了，这种繁简程度上的不对称对于怀疑黎曼猜想的数学家们是十分有利的。

除上述两种截然相对的态度外，黎曼猜想的长期悬而未决还使一些人联想到了所谓的哥德尔不完全性定理(Gödel's incompleteness theorem)，认为黎曼猜想有可能是一个不能被判定——即既不能被证明，也不能被否证——的命题。据说哥德尔(Kurt Gödel)本人就有过这样的看法。不过，黎曼猜想假如不成立，在原则上是可以用明确的步骤，通过数值计算找到它的反例，从而证明其是不成立的。从这个意义上讲，黎曼猜想假如不成立，它是可以被判定为不成立的，而它如果不能被判定，实际上是表明它成立。

好了，以上就是对黎曼猜想的简单介绍。这一介绍因为略去了数学细节而看上去更像是一串故事。但实际上，黎曼猜想是一个极为艰深的课题，如果哪位读者想要啃一啃这个猜想，首先要有扎实的数学功底，否则非但啃不动，还很可能会崩掉牙齿——可别怪我没提醒哦。①

二零一二年三月四日写于纽约

---

① 想进一步了解黎曼猜想的读者可参阅拙作《黎曼猜想漫谈》(清华大学出版社，2012年出版)。

第二部分　其　　他

科学的目的

The most incomprehensible thing about the world is that it is comprehensible.

—Albert Einstein

很佩服做哲学研究的人，无论什么话题都能够洋洋洒洒地写出几十万言。有时候觉得他们有点像诗人，小中见大，平中见奇，能够把一个简单的概念写复杂了。一部沉甸甸的著作常常会引起人们本能的敬畏，一句听起来似懂非懂的话常常让人觉得“嗯，有点哲学味”。这种敬畏，这种“哲学味”，在一定程度上使大众疏远了科学。曲高则和寡，自古如此。

科学的数学结构是抽象的，但科学的理念却是朴素的。① 当爱因斯坦为指南针神秘的方向性感到惊讶时，他只有 4 岁，还没有来得及读亚里士多德，也还看不懂康德。后来人们认为爱因斯坦是个天才，但那时候的他还只是一个晚熟的孩子。他感到了惊讶，因为他不知道事情为什么会这样；他后来成为

---

① 本文所说的科学是指自然科学。

了物理学家，因为他想知道事情为什么会这样。只有真正朴素的理念才能和一个4岁孩童的朦胧理性产生耦合，而我深信**一个真正朴素的理念是不需要用几十万字才能说清楚的**。

这个宇宙的演化是有逻辑规律的，这个宇宙间纷繁多姿的现象背后是有原因的，这是科学存在的前提，也是任何智慧存在的前提。至于这个宇宙为什么是有逻辑规律的，这并不属于科学的范畴。我们存在于这样一个宇宙之中，这是一个基本的经验事实。① 这个经验事实也意味着逻辑推理的有效性是一个近乎于先验的基本事实。

就像宇宙间所有的其他存在一样，科学的存在也是有因果的，科学存在的具体形式是和它所要达到的目的紧密相联的。环顾我们周围的世界，从草木竹石到飞禽走兽，从戈壁草原到冰川湖泊，小至蝼蚁尘埃，大至日月星辰，世间的现象是如此的千变万化，无穷无尽，就像满地的珍珠，如若没有丝线相串，何以尽拾？科学也是这个道理，万物无穷而人力有限，理解事物的唯一有效的方法就是简化。把许多现象归结为一个道理，窥一隅而知全貌，就是一种最有效的简化。寻求对自然现象的这种简化是人类试图理解、预言和利用自然现象的最重要途径，也是科学朴素而优美的目标。

当然，我们也应当看到，“简化”是一个比较含糊的字眼，不问内涵地追求简化会使人误入歧途。最大而又最荒唐的简化莫过于把一切归因于上帝，就像《圣经》所宣称的，那比牛顿定律、麦克斯韦方程式，或相对论的基本原理简单多了。但那不是科学，因为《圣经》只不过是把它所要“解释”的东西罗列了一遍，上帝第一天创造什么，第二天创造什么……如此而已。哪怕略去其中无数的错误不论，这种所谓的“解释”除生添一个上帝外，也并不构成任何实质意

---

① 喜欢“人择原理”的话，可以认为假如这个宇宙不是这样的，那就不会有任何“人”来问“宇宙为什么会是这样的”。这不仅是因为在一个没有逻辑规律的宇宙中不可能产生所谓的智慧生命（想一想什么是智慧），而且也是因为问问题本身就是一种逻辑的思维方式。在一个没有逻辑规律的宇宙中，这样的思维方式是没有意义的。因此我们在这里问这个问题本身就已经假定了宇宙是有逻辑规律的。

义上的简化。更重要的是，这种“简化”缺乏人们对科学的一个很基本的期盼，那就是要能够预言未知或未来的现象。仅限于对已知及已经发生过的现象进行罗列、归纳或整理，哪怕做得很到位，也更接近于历史而不是科学。

那么，对自然现象什么样的理解能够构成实质意义上的简化，并且具有科学所必须具有的预言能力呢？是以逻辑推理为依据的理解。把科学的理论框架建立在逻辑推理之上是其力量的重要源泉，也是科学有别于宗教的一个极其本质的特征。在一个科学理论中，从基本原理到对现象的解释，是以逻辑推理的方式来衔接的。由于——如前所述——逻辑推理的有效性是一个近乎于先验的基本事实，我相信人类远在意识到“逻辑”这个概念之前，就已经在本能地运用着初等的逻辑推理了。逻辑推理具有极大的延展性和客观性。从一个科学理论的基本假设出发，运用逻辑推理可以衍生出近乎于无限的推论，而且这些推论是以非常确凿并且独立于个人意志的方式存在着的。一个科学理论一旦提出，就以一种严谨而谦虚的方式存在于学术界。任何人都有权对它的基本假定和逻辑推论进行检验。任何一个那样的检验如果得出明确的否定结果，就意味着理论被推翻，或者其局限性被发现。科学理论的这一特征被科学哲学家波普尔(Karl Popper，1902—1994 年)提升到了一个很核心的地位。波普尔写过许多大部头的书，其中一个基本的观点，就是认为一个理论成为科学理论的必要条件是这个理论具有可证伪性(falsifiability)。也就是说一个理论要成为科学理论，必须明确地提出在何种情形下自己可以被推翻。这一点初看起来很出人意表，因为通常人们在思考科学理论时，往往是从证明而不是证伪的角度去考虑的。但细想一下其实却不难理解，因为一个科学理论的推论是无穷尽的，再多的实验也只能加强它的可信性而无法证明它的正确性。相反，由于科学理论有着明晰的逻辑结构，要推翻它却只要有一个确凿的反例就可以了。

人性有弱点，科学家是人，因而也不例外。疏忽、偏见，甚至蓄意的伪造都有可能带来谬误。科学之所以能够在探索自然的漫长征途中去芜存菁，获得卓越的发展，正是得益于科学理论严密的逻辑性和科学界这种公正、谦虚和理性的态度，这是人类智慧的骄傲。①

综上所述，科学的目的可以大致地叙述为：**科学寻求的是对自然现象逻辑上最简单的描述**。

二零零二年五月二十三日写于纽约

① 相形之下，政治舞台上不容挑战的“伟大、光荣、正确”，宗教神坛上不容挑战的“唯一的真神”之类的自我标榜是何等的虚伪。

科学的方法

The most incomprehensible thing about the world is that it is comprehensible.

—Albert Einstein

我撰写的最早的科学哲学短文是《科学的目的》，写于 2002 年。那篇短文当初的标题是《什么是科学(一)》，本拟写成一个系列。后来由于未曾续写，便改名为《科学的目的》，与其他几篇短文一起并入了一个合集《什么是科学》。不过，那个合集虽取了当初那个系列的标题，其实却只是不同时期、不同场合所写的几篇科学哲学类短文的松散组合，而非原先拟写的那个系列。

原先那个系列一搁置便是 7 年。2009 年，我将自己一些旧作的合集制作成了 PDF 文件，其中包括了那个科学哲学短文的合集。那个合集 PDF 的制作使我重新考虑起了当年那个系列。虽然这些年来我对科学哲学的评价越来越低，写作兴趣越来越小，不过当年拟定的写作思路我觉得仍是有意义的。那个思路简言之就是**先谈目的，后论方法**。之所以设定那样的思路，是因为方法往往取决于目的，目的一旦确定了，讨论方法就有了参照。我曾在不止一篇文章中提到过科学方法优于其他认知方法，理由何在呢？在本文中，我就重拾昔日的思路，以科学的目的为参照，来谈谈这一问题。

我们首先重复一下《科学的目的》一文中介绍过的科学的目的：

> 科学的目的：科学寻求的是对自然现象逻辑上最简单的描述。

这一目的对于科学来说几乎是定义性的。虽然科学也被人们用来谋求很多其他的目的——善良的或邪恶的，政治的或军事的，社会的或文化的——但那些只是科学的应用，以及某些科学家从事科学的动机，而非科学本身的目的。

除科学的目的外，在本文中我们还将用到一个有关科学的基本事实，那就是：

> 有关科学的基本事实：我们并无任何已被确认的、能理解全部自然现象的科学理论。

上述事实应该是足够显而易见的，而且显然是被科学界所普遍认可的。

明确了科学的目的及上述有关科学的基本事实，我们就可以以之为出发点，来回答一个对本文来说具有核心意义的问题，即什么样的方法是我们追求科学的目的时应该采用的正确方法？这个问题的答案并不复杂。我们首先注意到：既然我们并无任何已被确认的、能理解全部自然现象的理论，那么为追求科学的目的所提出的任何东西就都存在出错的可能性。而**既然存在出错的可能性，那么纠错就是必不可少的**。因此，追求科学目的的正确方法所须满足的第一个基本特征就是允许纠错，并且具有纠错能力：

> 追求科学目的的正确方法所须满足的**基本特征**之一：允许纠错，并且具有纠错能力。

既然需要纠错，那么接下来的一个很自然的问题就是：以什么为依据来纠错？这个问题的答案也很简单：**既然科学寻求的是对自然现象逻辑上最简单的描述，那么纠错的依据显然就是自然现象及逻辑推理**。由于我们了解自然现象的基本途径是观测与实验，①因此追求科学目的的正确方法就必须尊重观测与实验，尊重逻辑推理。这是纠错的依据，也是追求科学目的的正确方法所须满足的第二个基本特征：

追求科学目的的正确方法所须满足的**基本特征**之二：尊重观测与实验，尊重逻辑推理。

这两个基本特征正是科学方法的基本特征，反过来说，任何方法只要切实满足上述基本特征，就是科学方法，这可以说是科学方法的定义（或定义的一部分）。虽然科学哲学的推理大都是模糊的，有时甚至是似是而非的，但上述推理在我看来是例外，只要认同前面所列的科学的目的及基本事实，上述特征就是必然推论，在这点上并无多少模糊性。从这个意义上讲，科学方法不仅优于其他认知方法，而且还是追求科学目的的唯一正确的方法。

当然，这里有必要说明一点，那就是不用科学方法，或者说用不正确的方法，未必一定不能产生出对科学有用的东西，它只是不能**系统性地**产生那样的东西，而且随着科学的不断发展，不用科学方法而产生出对科学有用的东西的可能性会越来越小。为民科辩护的人常常会说：民科的东西未必一定是错误的。说得很对，其实别说是民科的东西，哪怕是胡乱敲击键盘的猴子敲出的东西，也会有一个不为零的概率能包含一些正确的东西（是否有人愿意为了那样的概率来阅读那样的东西，就另当别论了）。② 但是，不管用什么方法得到的

---

① 我通常用“观测”表示对来自于自然现象的信息的直接接收（比如观测行星的运动），而用“实验”表示对人为安排过的现象所做的观测。不过实际上，哪怕“观测”也并不是完全直接的，而是与理论有关（比如任何通过视觉的观测都依赖于光学理论）。观测和实验与理论之间的关系实际上是一种相当复杂的依赖关系。不过它们之间必不可少的自洽要求还是能让我们区分好的与坏的理论体系。比方说，如果一个理论体系认为真空中的光线是七扭八歪的，那么我们观测到的椭圆轨道经过这种光学理论一反推，就会对应于相当复杂的行星轨道。相应的，引力理论就不可能如牛顿引力那样简单。那样的理论体系——如果能够建立起来的话——就会明显不如我们现有的理论体系来得优越。

② 需要说明的是，在这里提到胡乱敲击键盘的猴子并非是要用一个概率更小的例子来贬低民科。事实上，从文字上碰对一些东西的概率，固然是民科远远高于胡乱敲击键盘的猴子；但另一方面，一涉及具有一定复杂度的技术性内容，情况就恰好相反：胡乱敲击键盘的猴子会有一个不为零的概率碰对，而民科由于翻来覆去只会在自己那口井里扑腾，碰对的概率反倒是零。因此这两者是互有长短，而非一者贬低另一者的关系。

东西，如果要成为科学理论，就必须接受科学方法的检验。①

在本文的最后，我们稍稍扯远一点。参与或旁观过有关科学与宗教的讨论的读者也许大都见过这样的场景，那就是每当有人提出科学优于宗教时，往往就会有人反驳说科学也有不能解释的东西。② 在这里我们要顺便强调一点，那就是：我们支持科学，首先支持的是科学的方法，其次才是科学的内容。科学与人类对未知世界的其他一些认知方式之间最本质的差异，在于他们对待未知及对待自身的态度迥然不同。科学的自我纠错、自我完善的能力是许多其他认知方式所不具有的。许多人以科学也有不能解释的东西来为宗教等辩护，看似思路开阔，不拘泥于已有的知识体系，实际上却忽略了一个最重要的地方：那就是正因为已有的知识体系存在局限性，才更需要一种像科学那样能够客观理性地对待自身局限性，随时愿意接受证伪的认知方式，这是我们认为科学远远优于其他认知方式的最深层的原因。正是因为科学具有这种素质，我们通过科学方法所获得的知识才远比通过其他认知方式所得到的东西更客观，更接近正确，也更有希望达到正确——如果“正确”是可以达到的话。但这种通过科学方法所获得的知识——即科学的内容——尽管已是人类知识中最值得珍视的部分，它的价值与科学方法相比仍是其次的。只要科学方法存在，哪怕所有具体的知识都失去了，使科学的直接解释能力暂时降到与宗教一样薄弱的地步，假以时日，科学依然能够重新发展起来，并远远超越其他认知方式。

二零零九年六月五日写于纽约

---

① 当然，如前所述，方法往往取决于目的，科学的方法是为了追求科学的目的而采用的方法，在所有可能的方法中，它只是一个小小的部分。在这个世界上，不同的人有不同的追求，如果所追求的不是科学的目的，那么相应地，所采用的也就不一定是——甚至一定不能是——科学的方法。比方说，如果所追求的是某种不容挑战的教条——比如《圣经》或某某主义，那么所采用的就会是一些截然不同的方法，比如自欺、欺骗、附会、偷换概念、混淆逻辑、答非所问、选择性目盲、选择性遗忘、请不听话的人“喝茶”、请很不听话的人上“火刑柱”，等等，这些都不是科学的方法。

② 有关这一点的进一步讨论，可参阅拙作《科学哲学讨论中的“大规模杀伤武器”》（已收入本书）。

科学哲学讨论中的“大规模杀伤武器”

在科学哲学讨论中，常常有人提到这样一种观点：即科学不是万能的，科学也有出错的时候。说实话，我很怕在普通讨论中看到这种观点。为什么怕呢？倒不是因为这种观点不正确，相反，正是因为它非常正确。我们现在甚至未来所具有的任何知识（包括科学知识）都不仅未必是终极真理，而且几乎一定不会是终极真理。哪怕有一天我们真的发现了终极真理，也不会有办法证明那就是终极真理。因此这个观点正确得无以复加。事实上，这个观点是如此正确，它几乎是科学哲学讨论中的“大规模杀伤武器”（weapon of mass destruction）。

如果在科学哲学讨论中，有人糊涂到以为我们的知识是绝对正确的，那这种“大规模杀伤武器”是很有必要拿出来的用一用的。但在一般讨论中，动辄祭出这类法宝却最容易伤及无辜，产生混淆视听的作用，这远比提出一个错误观点有害得多。后者只要反驳就行，有时非但无害，反而有助于澄清观点；而前者却往往驳也不是，不驳也不是。这有点像现实生活中的好心办坏事，你责备也不是，不责备也不是，比真正的坏事还棘手。

比如在讨论科学与宗教作为认知方式的差异与优劣时，就常常有人提出这种“科学不是万能的，科学也会出错”的观点。它显然很正确。但在那种讨论中，在没有人声称科学永远正确的情况下，主动插入这种观点，却明显起到了用所有认知方式都非完美无缺这一特点，来混淆不同认知方式的优劣之分的作用。这是极具误导性的。

如果把话题稍稍延伸一点的话，那么类似地，在讨论学习方法，或向年轻网友建议学习方法时，也存在这样一种杀手锏：那就是历史上几乎所有的学习方法，科班也好，自学也罢，甚至连民科都算上，往往都可以举出个别成功的例子。因此每当有人主张或建议某种学习方法时，就往往会有人提出反例，表明未必需要遵循这种学习方法。比如在讨论民科问题时，印度数学家拉马努金（Srinivasa Ramanujan）就是一个常被人提出的例子。虽然拉马努金在英国受过哈代（Godfrey Hardy）的训练，从而明显有别于普通民科，但他到达英国之前，在远离学术界的情况下凭一已之力获得的成果也颇为可观。这是否意味着他的学习方法与其他学习方法有了同等的推荐价值呢？显然不是。因为拉马努金所具有的奇异数学天赋别说普通人，即便在数学界的顶尖人物之中也是无人可及的。[①] 当我们向他人建议学习方法时，与其假定对方具有拉马努金的资质，不如假定对方是常人（除非已经有迹象表明对方不是常人，即便如此，对方资质接近拉马努金的可能性依然微乎其微），这样的假定更有可能接近事实，所提的建议也更可能有价值。

---

① 本文在我网站发表后有网友对这一说法提出了异议，我在这里补充说明几点：第一，如上文所述，这里讨论的是拉马努金具有的那种奇异数学天赋，而非对数学的贡献或影响力，论后者许多数学大师远在拉马努金之上。第二，这里讨论的是天赋的一种，即拉马努金对数字与公式的近乎神奇的判断力，而非其他类型的天赋，论后者许多数学大师远在拉马努金之上。第三，拉马努金的天赋与其他类型的天赋（比如超强的领悟力）究竟哪一种对数学家更为重要，不是本文讨论的内容。第四，其他数学家的天赋或是体现在比他人更早具备某种能力（比如阅读某些艰深著作的能力），或是体现在比他人具有程度更高的某种能力。这些能力虽然令人敬佩，但只是渐变式的优势，不会让我觉得不可思议。拉马努金的天赋却是那种常人（包括数学家）无论训练多少年都难以企及的，是一种“飞跃”。在我看来，拉马努金是最接近“天才”一词字面意义的数学家。

当然，这里我们要对建议与规定做个区分。如果我们讨论的是规定，即对方必须照办的东西，则应该采取相反的思路，即不排除一个人的资质接近拉马努金的可能性，给人留出一定的机会来证明自己究竟是不是拉马努金。只有这样，才能做到不扼杀拉马努金式的天才。那样的天才虽然极其罕见，但也极其珍贵，在制度层面上应该为他们预留机会。但建议则不同，简单地讲，我主张规定从宽，建议从严。建议的东西采纳与否全在对方，对方甚至可以一方面接受，一方面仍按自己的方式去做，直到失败了再回过头来尝试建议。因此在建议中——除非已经有迹象表明对方不是常人——我们告诉对方的往往是我们认为对常人来说最有可能成功的方式，而不是对无论多小的可能性都给予同样的重视(否则等于什么也没建议)。如果我们在向别人建议的时候，预先假定对方是拉马努金式的天才，无需接受系统的知识就可以闭门造车，那么我们的建议或许有 0.00000001%的可能性是鼓励了一个真正拉马努金式的天才，却有 99.99999999%的可能性是在误导一个普通人(甚至误导一个具有科学家潜质的人才)。

我们都知道，在现实世界里几乎没有什么东西是绝对的。我们讨论问题的时候，往往不可能周密到每一句话都体现出这种非绝对性。在许多情况下，我们指的只是可能性较大的东西。假如我们向对方所提的每一个建议都要兼顾对方资质接近拉马努金这种可能性，那么我们或许也应该在每一句话中加上诸如“倘若你没有在街上被汽车撞到”之类的假定，因为那也是会影响对方成材的可能性，而且其概率恐怕比对方是拉马努金的概率大得多。如果大家一发现谁的某句话存在遗漏的可能性，就拿出那种“大规模杀伤武器”来对付，则往往看似正确，其实却使讨论误入歧途，就像在真正的大规模杀伤武器作用下，好人和坏蛋一起丧命一样。

如果我们真想把话说得滴水不漏，最好的办法或许是在每一段话的开头都先附上类似于罗素的“自由思想十诫”之类的东西，然后在“但是，……”之后表述自己的观点。

二零零六年三月二十五日写于纽约

关于批评的资格

除了上文介绍的“大规模杀伤武器”外，还有一种“武器”在讨论中也具有很大的杀伤力，而且使用范围不限于科学哲学讨论。如果要比喻的话，或许可以比作美国军方研制的威力仅次于核武器的所谓“炸弹之母”。这种“武器”就是：如果你未曾深入了解某种东西，你就没有资格去批评。

粗看起来，这个观点也是很正确的，就像某革命导师所说的“没有调查研究，就没有发言权”。但是正如该导师的很多言论曾让很多人吃足苦头一样，这个很具杀伤力的“炸弹之母”也很容易对讨论产生混淆作用。而且这个“炸弹之母”还有一个厉害之处，那就是它针对的不是观点而是资格，一旦剥夺了资格，就无需再对观点进行反驳了，因而特别适用于对付那些用其他手段难以对付的观点。而且更糟糕的是，这种“炸弹之母”只要稍加混淆就会有很广泛的“适用”范围，从而获得额外的杀伤力，因为在很多情况下，被批评的东西往往是那些在批评者看来错误或没有价值的东西，而恰恰对那样的东西批评者是不会化大力气去“深入了解”的(因为那将是浪费时间)。这样一来，就彻底地进入了“炸弹之母”的攻击范围。更何况，就算批评者对批评对象有过“深入了解”，这“深入”的标准及“资格”的门槛都是可以无限抬高的。对所有并非爱因斯坦的人来说，这“资格”二字都有可能变为不可承受之重（其实就连爱因斯坦也曾在自己专业之外的政治、宗教、文化等领域发表过大量的批评或评论，从而也未必能完全不受“炸弹之母”的威胁）。

拿我自己作个例子，我并非宗教专家，却写了一篇《论宗教》，[①]这就也有了一个资格问题，即我有没有资格写那篇文章？我的看法是：**谈论“深入了解”或批评的“资格”必须以所涉及的具体论点为参照**。拿我的《论宗教》来说，它并不是一篇泛评宗教的文章，而是只针对宗教活动中用科学附会教义、信徒对教义的盲信等几种特殊现象提出批评。宗教在这些方面的活动及特点是很公开的，并且有大量的传教宣传品为证。作为在美国这样一个基督教盛行的国家生活了十几年的人，我有很多机会接触到教徒，接收到传教宣传品，并与试图向我传教的人进行辩论。这些虽不足以使我成为宗教专家，却足以确立我所批评的那些现象的确凿存在。而只要那些现象确凿存在，我的批评就具备了事实依据，我对批评对象的了解也就达到了**支持文章论点所需的**深入程度。如果要说资格的话，这就是资格，它是以我的具体论点为参照的。至于我是否通晓《圣经》的每一页写了什么东西，我是否是宗教专业毕业的，那根本就与我的论点无关，从而不能与我写那篇文章的资格混为一谈。

像这种针对社会现象而提出的批评或评论是极其常见的，几乎每位作者——无论他是博客、论坛还是传统媒体的作者，也无论其专业是什么——都多多少少会写一些。这类文章的观点正误当然可以争论，但只要所针对的社会现象确凿存在，作者的资格就不成问题。接下来要看的是各人对所针对的社会现象进行分析的能力，而这种能力往往是各专业的作者都具有的，而且还未必是那种“术业有专攻”的文科或社科专业的作者最强（因为分析能力往往是他们的弱项）。当然，这里会有例外，比如涉及法律的东西，除了现象确凿，具有分析能力之外，了解法律法规也很重要，在这类问题上专业作者具有特殊优势。

---

① 对此文感兴趣的读者可到我网站（http://www.changhai.org/）浏览。

上面这些论述，并不是要否认批评资格问题的存在。事实上，批评者具备批评资格的情况固然很多，批评者缺乏批评资格的情况也并不少见。比方说，很多民科宣称自己推翻了相对论。让我们用同样的标准——即谈论“深入了解”或批评的“资格”必须以所涉及的具体论点为参照——来看看他们的批评资格。他们所涉及的具体论点是什么呢？是推翻相对论。事实依据是否确凿呢？不确凿，因为迄今并不存在与相对论确凿矛盾的实验。我们再看他们的分析能力，与多数社会现象不同，对相对论那样的现代物理理论进行分析，除了要有基本的逻辑分析能力，还要有相当程度的数学演算能力，以及对某些实验结果的含义的充分了解(在需要额外知识或能力这点上，它类似于前一段末尾提到的涉及法律这一例外情形)。一个批评者如果是那种一无事实论据，二无数学能力，三无实验基本常识的“三无”人员，却试图推翻被众多定量预言与精密实验所确立的物理理论，他的资格当然就成问题了。这时候——也只有在这类时候——人们才应该用“炸弹之母”来对付。

最后需要说明的是，具备了批评资格当然并不意味着批评的内容正确，对后者大家可以各抒己见，但讨论的主要依据应该是逻辑与证据，而不是动辄使用“大规模杀伤武器”或“炸弹之母”。

二零零九年六月八日写于纽约

人名索引

术语索引